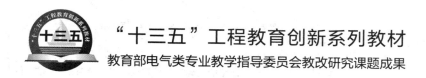

"十三五"工程教育创新系列教材

教育部电气类专业教学指导委员会教改研究课题成果

电气二次回路

DIANQI ERCI HUILU

主编　林　山
编写　刘晓军　崔　杨
主审　苏小林

U0387426

中国电力出版社
CHINA ELECTRIC POWER PRESS

内 容 提 要

本书为"十三五"工程教育创新系列教材。

本书从专业教学出发，对电气二次回路的基础知识、规程、规范及典型回路进行讲解，力求贴近现场实际，内容深入浅出、易学易懂。其主要内容包括二次回路基础知识，互感器及其二次接线，测量回路，断路器控制及信号回路，信号回路，隔离开关的操作及闭锁回路，同期系统，变压器二次回路，直流操作电源系统及二次设备的选择等，以及对发电厂、变电站的电气二次部分的电路、设备元件及运行操作等方面内容给予较为全面的讲解与介绍。本书每章后均附有思考与练习题。

本书可用作普通高等学校电气工程及其自动化专业本科教材，也可作为相关专业高职高专及函授教材，同时可供电力工程人员参考使用。

图书在版编目（CIP）数据

电气二次回路/林山主编．—北京：中国电力出版社，2019.3（2021.6 重印）

"十三五"普通高等教育本科规划教材

ISBN 978-7-5198-2789-2

Ⅰ.①电…　Ⅱ.①林…　Ⅲ.①电气回路—二次系统—高等学校—教材　Ⅳ.①TM645.2

中国版本图书馆 CIP 数据核字（2019）第 005612 号

出版发行：中国电力出版社

地　　　址：北京市东城区北京站西街 19 号（邮政编码 100005）

网　　　址：http://www.cepp.sgcc.com.cn

责任编辑：雷　锦（010－63412530）

责任校对：黄　蓓　郝军燕

装帧设计：赵姗姗　王英磊

责任印制：钱兴根

印　　刷：北京天宇星印刷厂

版　　次：2019 年 3 月第一版

印　　次：2021 年 6 月北京第二次印刷

开　　本：787 毫米×1092 毫米　16 开本

印　　张：12.75

字　　数：311 千字

定　　价：39.00 元

序

近年来，计算机、通信、智能控制等前沿技术的日新月异给高等教育的发展注入了新活力，也带来了新挑战。而随着中国工程教育正式加入《华盛顿协议》，高等学校工程教育和人才培养模式开始了新一轮的变革。高校教材，作为教学改革成果和教学经验的结晶，也必须与时俱进、开拓创新，在内容质量和出版质量上有新的突破。

教育部高等学校电气类专业教学指导委员会按照教育部的要求，致力于制定专业规范或教学质量标准，组织师资培训、教学研讨和信息交流等工作，并且重视与出版社合作编著、审核和推荐高水平的电气类专业课程教材，特别是"电机学"、"电力电子技术"、"电气工程基础"、"继电保护"、"供用电技术"等一系列电气类专业核心课程教材和重要专业课程教材。

因此，教育部高等学校电气类专业教学指导委员会与中国电力出版社合作，成立了电气类专业工程教育创新课程研究与教材建设委员会，并在多轮委员会讨论后，确定了"十三五"普通高等教育本科规划教材（工程教育创新系列）的组织、编写和出版工作。这套教材主要适用于以教学为主的工程型院校及应用技术型院校电气类专业的师生，按照工程教育认证和国家质量标准的要求编排内容，参照电网、化工、石油、煤矿、设备制造等一般企业对毕业生素质的实际需求选材，围绕"实、新、精、宽、全"的主旨来编写，力图引起学生学习、探索的兴趣，帮助其建立起完整的工程理论体系，引导其使用工程理念思考，培养其解决复杂工程问题的能力。

优秀的专业教材是培养高质量人才的基本保证之一。此次教材的尝试是大胆和富有创造力的，参与讨论、编写和审阅的专家和老师们均贡献出了自己的聪明才智和经验知识，引入了"互联网＋"时代的数字化出版新技术，也希望最终的呈现效果能令大家耳目一新，实现宜教易学。

胡敏强

教育部高等学校电气类专业教学指导委员会主任委员

2018 年 1 月于南京师范大学

前　言

　　本书共十章，主要介绍电力系统电气二次回路相关基础知识、工程二次图纸的构成内容和表达方式，以及对部分发电厂、变电站典型二次回路的讲解。二次回路具有内容庞杂，各部分内容相对独立及特定回路冗长复杂等特点。二次回路各部分的基本技术和实现方法在生产实践中得到了应用和发展，形成了一套具有明显特征的技术规范和实际应用方法。随着以计算机技术为核心的各项新技术的不断引入及电力系统一次回路的创新发展，二次回路也正在经历不断更新变化的过程，以满足电力系统不断发展的需求。

　　本书为工程教育创新系列教材，立足课堂教学，力求从基本知识出发，结合工程实例介绍二次回路的相关规程、规范，特定回路的基本构成，以期在限定的学时内取得切实的学习效果，培养学生对电力系统电气二次部分的基本认知能力和继续学习的能力。

　　本书授课对象为电气工程及其自动化专业本科学生，编写目的是通过本书的学习，弥补二次回路教学的不足状态，使学生掌握电力系统二次回路各部分所涉及的相关基础知识并具备一定的实践操作能力，以便学生能够较好适应毕业后工作岗位需要。

　　本书第一～五、七章由东北电力大学林山编写；第六、八章由东北电力大学刘晓军编写；第九、十章由东北电力大学崔杨编写。本书由林山主编并对全书统稿。本书由山西大学苏小林教授审核。

　　由于编者水平所限，错误及不当之处诚恳欢迎读者批评指正。

编　者

2018 年 10 月

目　　录

综合资源

扫一扫
获得更多资源

第一章 二次回路基础知识

在电力系统中，电气一次系统是指直接用于电能的发、输、配、用的系统，也可称为电气一次回路或电气主系统；电力系统的电气二次系统亦称为电气二次回路，它是在一次系统之外，为保证电气一次系统安全、可靠、经济运行而配置的。二者相辅相成，缺一不可，共同构成完整的电力系统。

运行人员是通过或经由二次系统对一次系统的运行进行监视、操控的，为保证一次系统运行的安全和可靠而配置的继电保护和自动装置也是电气二次的核心内容，由此可见电气二次部分的重要性。近年来随着计算机技术的快速发展和广泛应用，电气二次回路的构成和操控方式发生了根本性、革命性的变化，主要表现为集散控制系统（DCS）的大量采用，为此在传统二次回路中增加了适用与计算机系统的信号转换和数据采集的接口，所采用电路的逻辑元件也有所不同，因此带来控制与操作方式的不同。因其是在传统二次回路的逻辑基础上引入的新的表达形式和方式，与传统二次回路所要实现的功能与含义是一致的。而传统二次回路中的一些部分，因其简单可靠，行之有效而一直得到沿用，这也是我们学习传统电气二次回路的原理、逻辑及实现的方式方法的意义所在。

第一节 二次回路的概念

一、一次回路

图 1-1 为电力系统一次回路示意图。图中直接参加电能的发、输、配、用的回路中所使用的电气设备，如发电机、变压器、母线、输配电线路、电力电缆及断路器、隔离开关、电抗器、电容器、电压互感器、电流互感器、避雷器及电动机等用电设备称为电气一次设备，

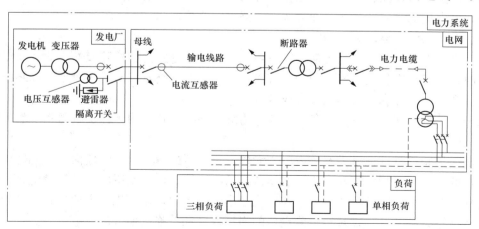

图 1-1 电力系统一次回路示意图

由一次设备连接在一起构成的电路称为电气一次回路，也称为一次接线或主线。电气一次接线通常由单线图绘出。示意图中除去发电厂和用电设备所余下的部分则称为电网。

二、二次回路

二次设备具有与一次设备电气隔离，低电压、小容量的特征，其任务或功能是对一次设备进行监测、控制、调节、保护，为运行及维护人员提供运行工况或生产指挥信号。二次设备包括控制和信号器具、继电保护和自动装置、电气测量表计、操作电源系统等。二次设备按一定的技术要求连接而构成的电路称为电气二次回路或二次接线。描述二次回路的图纸称为二次回路图或二次接线图。

电气二次回路通常指连接在电压互感器二次绕组的设备和元件构成的交流电压回路、连接在电流互感器二次绕组的设备和元件构成的交流电流回路和连接在直流电源的设备和元件构成的直流逻辑回路。

第二节　二次回路的分类

一、控制回路

控制回路为二次回路中的典型回路，例如断路器的分、合闸操作回路。按控制方式不同可划分为：

（1）手动和自动控制；

（2）远程和就地控制；

（3）分散和集中控制；

（4）一对一和一对 N 控制（一对一指一套控制回路对特定一台设备进行控制操作、一对 N 指一套控制回路通过选线系统对多台设备进行控制操作）；

（5）强电和弱电控制（这里的强电和弱电指直流操作电源的电压等级，110、220V 为强电，12、24、48V 为弱电）。

二、调节回路

二次回路中，不仅有对设备进行分、合闸或投入、退出的操作的回路，也包含量化调节的回路，发电机的励磁调节回路即为调节回路中的典型回路。

三、继电保护及自动装置回路

电力系统继电保护和安全自动装置是当电力系统本身发生了故障或发生危及其安全运行的事件时，向值班人员发出警告信号或直接向其控制的断路器发出跳闸命令，以终止故障或事件发展和扩大的配套的自动化设备或装置。

用于保护电力元件的成套设备，一般称为继电保护装置；用于保护电力系统的一般称为安全自动装置。

继电保护装置是保证电力系统中电力元件安全运行的基本装备，任何电力元件不得在无继电保护的状态下运行，当发电机、变压器、输电线路、母线及用电设备等发生故障时，要求继电保护装置用可能最短的时限和在可能最小的范围内，按预先设定的方式，自动将故障设备从运行系统中断开，以减轻故障设备的损坏程度和对临近地区的供电影响。

安全自动装置是为了防止电力系统失去稳定和避免电力系统发生大面积停电事故的自动保护装置。例如，输电线路的自动重合闸装置、电力系统稳定控制装置、系统自动解裂装置、按频率及低电压自动减负荷装置、备用电源自动投入装置等。

四、测量回路

测量回路是对电力系统的电流、电压、功率等电气运行参数的测量和显示、记录和传输的回路，对电力系统的统计和运行均具有重要意义。

五、信号回路

信号回路是与运行人员交互表达信息的回路，具有规定的表达内容和方式。信号回路按其性质可分为：

（1）中央信号（由事故信号和预报信号两部分构成）；

（2）位置信号（表达设备在系统中的位置和其运行状态）；

（3）指挥信号（电气环节和汽机、锅炉环节之间的联系信号）。作为与电力生产相关的各专业间的指挥信号，通过相应二次回路按规定的模式和规则传递信号。例如：

主控对汽机：注意，更改命令，增、减负荷，停机等。

汽机对主控：注意，更改命令，减负荷，汽机危险等。

主控对锅炉：注意，增、减负荷，负荷不稳等。

另外还有一些全厂（站）信号如大事故情况下对有人员的地方发出的音响、灯光及广播呼叫等也属于指挥信号的范畴。

六、操作电源

操作电源是指二次回路正常运行所需要的工作电源。二次回路的操作电源分为直流操作电源和交流操作电源。

现代发电厂和变电站都配备有由电池屏、充电屏（整流装置）和馈线屏所组成的直流屏，由直流屏提供操作电源实现直流操作。在电气一次设备数量较少且不便取得直流电源的情况下，如电厂的江岸泵房，也可采用交流电源作为二次回路的操作电源。

第三节　二次设备的图形符号及文字符号

表达二次回路的工作原理及回路中的设备、元件的连接关系的图纸称为二次回路图。工程上所使用的二次回路图，除了要表明其回路的工作原理之外，还强调要表明回路中的设备、元件的型号、连接端子及所在回路等符号标示，以满足指导施工安装及运行维护的要求。

二次回路图纸的绘制需依照相关的规则和规定，这些规则规定包括使用规范的二次设备、元件图形符号和文字符号，标明二次交流和直流小母线的名称和回路编号，以及明确安装单位等。关于二次回路制图规则规定内容和种类繁多，这也是造成二次回路学习入门门槛较高的原因之一，而掌握相关的规则规定是二次回路图的设计、识读和应用的基础，这需要一个逐步了解和熟悉的过程。

二次设备和元件的图形符号和文字符号、二次小母线名称在图标的新旧版本上有区别，回路编号则相对固定不变，现场图纸中仍有相当部分是按旧版规定绘出。

一、二次设备的图形符号、文字符号

二次设备、元件的种类、数量繁多。下面以继电器符号为例，介绍图形符号和文字符号的表达方式如图 1-2 所示。

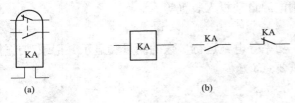

图 1-2　继电器图形和文字符号
(a) 集中式；(b) 分散式

以上表达方式中，KA 中的 K 为继电器总称，A 表示电流。K 及 K 后字母与常用继电器新、旧文字的对应关系见表 1-1。

必须指出，分散式表达中，继电器的线圈的字符必须和其触点的字符一致，这样才有对应关系。继电器的动合触点和动断触点的画法必须符合顺时针动合及顺时针动断的规则。

表 1-1 　　　　　　　　　　　　　　继电器新、旧文字符号对照

新符号	K（继电器总称）	KA（电流）	KV（电压）	KT（时间）	KS（信号）	KM（中间）
旧符号	J（继电器总称）	L（电流）	Y（电压）	S（时间）	X（信号）	Z（中间）

更多设备、元件的图形和文字符号规范，需在后续章节中逐步学习及参阅附录一。

二、二次小母线的名称及二次回路编号原则

二次小母线是在二次回路中为其回路提供工作电源的各类直流、交流母线以及按特定用途归类的转接母线，二次小母线在二次回路图中以粗实线或双线表示。为了区别二次小母线的性质和用途，需要为其赋予名称和编号。组成二次回路的各支路，也称为回路，同样需要赋予编号，称为二次回路编号。

1. 二次小母线名称和编号

二次回路中的小母线包括交流回路的各类电压母线和直流回路中的各类直流母线，无论交流电压小母线还是各类直流小母线，都被按一定规则赋予固定的文字符号（名称）和回路编号。如接于某段电气一次母线的电压互感器二次侧 U、V、W 相（奇数组）电压小母线文字符号为 L1-630、L2-630 (600)、L3-630，对应回路编号为 U630、V630 (600)、W630；直流控制电源回路小母线文字符号为 +、- (或 +WC、-WC)，对应的回路编号为 1、2（第一组）；直流信号电源回路小母线文字符号为 +700、-700（或 +WS、-WC），对应回路编号为 701、702 等。

2. 二次回路编号

二次小母线编号可以认为是二次回路编号中对特定回路赋予的固定编号，是二次回路编号规定的一部分。此外，对于二次展开式原理图中的各类回路都需按规定规则进行编号。以下对相关规定举例介绍：

(1) 保护装置及测量仪表的交流电流回路，如回路编号为 A(B、C、N、L) 4001。首字母表示相别、中性线（N）、零序（L），数字千位"4"表示电流互感器回路，数字百位和十位的"00"为电流互感器序号（TA 为 00，TA1 为 01 等），数字个位"1"表示电流互感器二次绕组所连接的第一个电流负载（以下依次为 2、3、…、9）；

(2) 保护装置及测量仪表的交流电压回路，如回路编号为 A(B、C、N、L) 611。首字母表示相别、中性线（N）、零序（L），数字百位"6"表示电压互感器回路，数字十位的"1"为电压互感器序号（TV 为 0，TV1 为 1 等），数字个位"1"表示电流互感器二次绕组所连接的第一个电压负载（以下依次为 2、3、…、9）；

（3）直流保护回路，编号范围为 01～099；

（4）直流信号回路，编号范围为 701～799。

其他部分的小母线名称和回路编号，后续学习的过程中将逐一介绍和说明。

3. 编号方法

二次回路中，按性质和功能特征，给予不同编号范围。交流回路是按相别字母加给定的数字范围进行编号。交流电流、电压回路的编号不分奇、偶数，从电源端开始按顺序编号；直流回路的编号是根据给定的数字范围按等电位原则进行的，即将回路中接于同一点的导线都用同一数码表示，若回路被开关或继电器触点断开，因为在触点断开时触点两端不等电位，所以回路中触点两端应标不同编号。编号方法是：先从正电源开始，以奇数顺序编号，直到最后一个有压降的元件为止。如果最后一个有压降的元件后面不是直接连在电源负极上，而是通过连接片、断路器触点等通路时无压降的元件或触点连在负极，则下一步应从负极开始，以偶数顺序编号至上述已有编号的元件为止。直流回路数字编号和交流回路数字编号分别见表 1-2 和表 1-3。

表 1-2 直流回路的数字编号

回路名称	数字编号组			
	一	二	三	四
控制回路正电源	01	101	201	301
控制回路负电源	02	102	202	302
合闸回路	1～31	103～131	203～231	303～331
绿灯回路	5	105	205	305
跳闸回路	33～49	133～149	233～249	333～349
红灯回路	35	135	235	335
备用电源自动合闸回路	50～69	150～169	250～269	350～369
开关设备的位置信号回路	70～89	170～189	270～289	370～389
事故跳闸音响信号回路	90～99	190～199	290～299	390～399
保护回路	01～099			
发电机励磁回路	601～699			
信号及其他回路	701～799			
断路器位置遥信回路	801～809			
断路器合闸线圈回路	871～879			
隔离开关操作闭锁回路	881～889			
发电机调速电动机回路	991～999			
变压器零序保护公共电源回路	001、002、003			

表 1-3　　　　　　　　　　　　**交流回路的数字编号**

回路名称	互感器文字符号及电压等级	回路编号				
		U 相	V 相	W 相	中性线 N	零序
保护装置及测量仪表的电流回路	TA	U4001～U4009	V4001～V4009	W4001～W4009	N4001～N4009	L4001～L4009
	TA1	U4011～U4019	V4011～V4019	W4011～W4019	N4011～N4019	L4011～L4019
	TA2	U4021～U4029	V4021～V4029	W4021～W4029	N4021～N4029	L4021～L4029
	TA3	U4031～U4039	V4031～V4039	W4031～W4039	N4031～N4039	L4031～L4039
保护装置及测量仪表的电压回路	TV1	U611～U619	V611～V619	W611～W619	N611～N619	L611～L619
	TV2	U621～U629	V621～V629	W621～W629	N621～N629	L621～L629
	TV3	U631～U639	V631～V639	W631～W639	N631～N639	L631～L639
	TV4	U641～U649	V641～V649	W641～W649	N641～N649	L641～L649
经隔离开关辅助触点或继电器切换后的电压回路	6～10kV	U（V、W、N）760～769；B600				
	35kV	U（V、W、N）730～739；B600				
	110kV	U（V、W、N、Sc）710～719；N600				
	220kV	U（V、W、N、Sc）720～729；N600				
	330kV	U（V、W、N、Sc）730～739；N600				
	500kV	U（V、W、N、Sc）750～759；N600				
绝缘监察电压表的公共回路		U（V、W、N）700				
母线差动保护公共电流回路	6～10kV	U（V、W、N）360				
	35kV	U（V、W、N）330				
	110kV	U（V、W、N）310				
	220kV	U（V、W、N）320				
	330kV	U（V、W、N）330				
	500kV	U（V、W、N）350				

　　为二次回路中小母线赋予名称和编号和为各回路赋予编号的作用是使得各部分功能回路区域明确，含义清晰，同时标注了组成整个二次逻辑回路中的各设备、元件的连接关系，以便能够指导施工安装、调试维护等项工作，因此是十分必要和重要的部分。

　　本书附录一～附录三中给出了常用电气设备图形及文字符号，小母线文字符号（小母线名称）及回路编号等，供学习时参考。

第四节　电气工程二次图

　　工程二次图纸由原理图、安装接线图、电缆清册 3 大部分构成。工程二次图，不仅能够表达电路的逻辑原理，还指导施工安装、维护及统计、采购等。这三部分的图纸，各有其侧重表达的内容，综合看懂每部分的图纸，才能了解整个工程的全貌。

一、原理图

二次回路原理图分为集中式原理图和分散式原理图，也分别称为归总式原理图和展开式原理图。其中展开式原理图简称展开图，展开图是二次图通常采用的方式，在现场已成为二次原理图的代称，也是学习的重点。

图 1-3 为某 6～10kV 线路的过电流保护的归总式原理图和展开式原理图。以此图为例介绍两种原理图的特点和区别，重点介绍展开图的特征和优点。

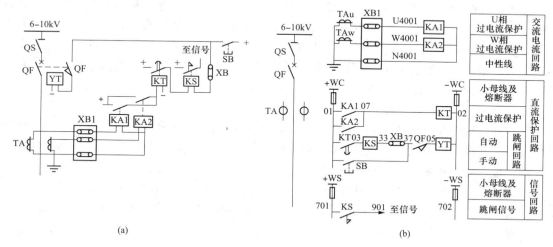

图 1-3　6～10kV 线路的过电流保护原理图
（a）归总式原理图；（b）展开式原理图

图 1-3（a）为某 6～10kV 线路过电流保护的归总式原理图。归总式原理图主要是为了表现动作原理的逻辑关系。当环节简单时也能清晰表达原理和动作逻辑，当环节较多，内容复杂时则不易清晰识读。归总图的特点是图中的设备、元件按其物理结构画在一处，如继电器的线圈和触点按其物理结构关系画在一起，不可分开画在两处，另外电源正、负极仅以"＋、－"标出且位置分散。无回路标号，不能指导施工安装。

图 1-3（b）为某 6～10kV 线路过电流保护的展开式原理图。从所要表达的原理和电路连接关系上讲，归总图和展开图是相同的，但二者绘制要求和作用有很大不同。展开图的绘制特点是不分设备、元件的物理结构而按其所在的不同电源回路中的逻辑关系所对应的位置画在各自的逻辑回路中，如继电器的线圈和触点分别画在对应的交流回路和直流回路中。电源回路按性质、功能的不同划分为交流回路（进而又分为交流电流回路和交流电压回路）及直流回路（进而又分为控制回路、保护回路、信号回路、测量回路等）。展开图中的交流、直流小母线，各交流、直流回路都有固定的名称和标号。回路以"行"方式表达，各回路右侧对应位置，以文字说明该回路的作用。

展开图由于标注齐全，用于二次设计、安装、检修等。比之于归总图，展开图有着便于回路设计、容易跟踪动作顺序、容易发现逻辑错误等诸多优点，因此工程上二次原理图多以展开图的形式给出。

应当指出，图 1-3（b）跳闸回路中，从连片 XB 的末端（回路号 37）经断路器辅助触点 QF、跳闸线圈 YT 接至控制电源负极的这一段环节，由于所有跳闸回路都是经由相同的环节接至负极，因此此段也可以省略，不必画出；信号回路中的跳闸信号回路仅画至信号继电器触点末端（回路号 901），箭头表示连接"至信号"端，省略了此后连接至信号电源负极的环节，其道理与跳闸回路类似，都是由此再连接相对固定的环节至负极，故此可以省略。

二、安装接线图

安装接线图分为屏正面布置图、屏背面接线图和端子排 3 部分。安装接线图是运行、试验、检修的主要参考图纸。

二次原理图中的各种二次设备、仪表、继电器、开关、指灯等元器件，终归要安装在以各种屏、柜、箱等为概念的具体现场安装单元中，安装接线图就是根据展开图将这些元器件在各屏、柜等安装单元内按它们的实际位置和连接关系绘制的生产加工和现场安装施工用的图纸。为了施工和运行检修的方便，设备间的端子及设备端子与端子排间的连线按"相对编号法"的原则标注编号。

1. 屏正面布置图

屏正面布置图是屏的正面视图，以安装单位为区域划分，将同屏安装但分属不同安装单位的设备、元件，以纵向布置的方式，将各设备、元件按其实际位置和比例关系画出的正视图。屏正面布置图也是屏背面接线图的依据。

安装单位是二次回路中的一个重要概念，是指安装二次设备时所划分的接线单元。接线单元一般是按二次设备归属的一次回路划分的，安装单位标号采用罗马数字Ⅰ、Ⅱ、Ⅲ、Ⅳ、Ⅴ等表示。

图 1-4 为屏正面布置图。屏正面布置图有以下规范要求：

（1）屏面布置的项目通常用实线绘制的正方形、长方形、圆形等框型符号或简化外形符号表示；

（2）符号的大小和间距尽可能按实际比例绘出，某些较小符号允许适当放大绘制；

（3）屏上的各种二次设备，通常依自上而下的顺序布置指示仪表、继电器、信号灯、光字牌、按钮、控制开关和必要的模拟线路；

（4）图上附有设备清单表，详细标注屏上所有二次设备的规格、型号、数量等。

2. 屏背面接线图

屏背面接线图是表示屏内设备之间、设备与端子以及端子与端子之间连接关系的图。屏背面接线图的视图方向是从背面向正面。屏背面接线图是以屏正面布置图和展开原理图为依据绘制的，图中虽也能反映设备、元件的位置关系（与正面布置呈镜像关系），但其主要作用是为了表达设备、端子的连接关系而绘制的图。屏背面接线图一般由制造厂家绘制，随产品一起提供给订货单位。

屏背面接线图的规范要求：

（1）屏背面看不见的正面安装设备用虚线表示。

（2）屏背面设备按其实际位置和比例关系在各设备图形的上方用圆圈符号表示。圆圈上半部分标安装单位及序号，如Ⅰ1 表示安装单位标号为Ⅰ的第一个安装设备，Ⅱ4 表示安装单位标号为Ⅱ的第四个安装设备等；圆圈下半部标设备的文字符号，如 KA1 表示 1 号电流继电器。圆圈下面标设备规格型号，如 DL-31/10 表示电流继电器产品规格型号。

由于二次设备数量多、连接关系复杂，工程图纸中普遍采用相对编号法来表示设备间的导线连接关系。相对编号法就是一根导线的两端所连接的两个端子旁都标注对侧端子的编

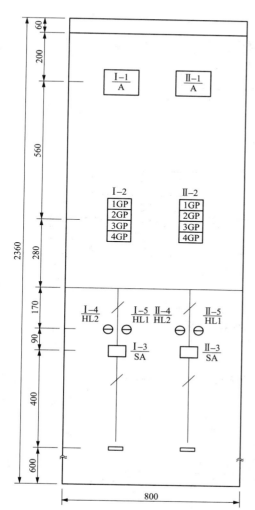

安装单位	名称	TA变比
I	10kV1线	100/5
II	10kV2线	150/5

序号	符号	名称	型号及规格	数量	备注
1	PA	电流表	16L1–A	1	
2	1GP–4GP	光字牌	XJD–1A 220V	4	
3	HL2	绿灯	XJD–22/41(B) 220V	1	
4	HL1	红灯	XJD–22/41(B) 220V	1	
5	SA	控制开关	LW2–Z–1a.4.6a.40.20/F8	1	
6	Q2、Q3	开关	HD10–40/1	1	
7	Q1	开关	HK1–15/3	1	
8	FU	熔断器	RL1–15/6	2	
9	R	电阻	ZG11–50–1K	1	
10		标签框	PH–30	1	
11		位置指示器	手动	1	
安装在每一安装单位上的设备					

图 1-4　屏正面布置图

号。这样，根据图纸，屏上每个设备的任一端子都能找到与其连接的对象（端子）。如某一端子旁没有标号，则说明该端子是空；如果某一端子旁有两个标号，则说明该端子引出两条连线，连接两个对象。

下面以图 1-5 为例说明屏背面接线图的设备标示，其中包含设备间及设备与端子排之间的相对编号的表示方法。图中 1-5（a）为某 10kV 线路一次图及其二次过电流保护展开图，图 1-5（b）为安装图（屏背面接线图）。图 1-5（b）中也表示了屏内设备（继电器 KA1、KA2）与端子排及屏外设备（电流互感器 TA1）与端子排的相对标号关系。

图 1-5（b）中的虚线（此虚线在实际图纸中无需画出）表示在接线时按相对原则标号的两个端子的连接。按图 1-5（b）所示的相对编号完成各接线端的连接，则等于完成了图 1-5（a）所示的交流电流回路的正确连接。

对于不经过端子排直接接至小母线的设备，如熔断器、小开关、电阻等，可在该设备的端子上直接写上所接小母线符号，而从小母线上画出引下线，在旁边标注所连接设备的符

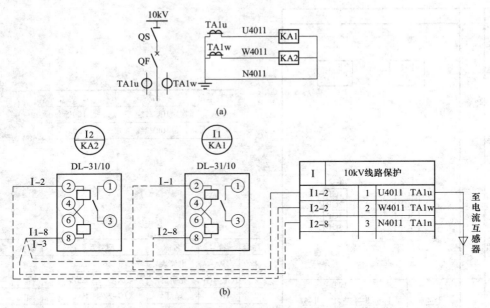

图 1-5　屏背后接线图及相对编号法应用

（a）一次图及展开图；（b）安装图

号，如图 1-6 所示。图 1-6 中 M708 为事故音响小母线。

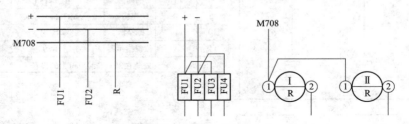

图 1-6　直接接至小母线设备的标示

3. 端子排

导线通过具有一定结构的导通构件的两端连接在一起，此构件即为接线端子，导线与接线端子的连接有螺丝压接和压簧插接等方式，若干片状结构的端子叠摆在一起即成为接线端子排，简称端子排。端子排通常以垂直或水平方式布置于屏后，用于屏与屏、屏外设备和屏内设备以及需要通过端子排转接的设备之间的连接。

端子排通常按安装单位分别设置或划分不同间隔，端子排中端子的连接和排列方法，一般应遵守以下规则：

（1）屏内与屏外二次回路的连接、屏内各安装单位之间的连接和转接均应经过端子排。

（2）同一屏内，同一安装单位的设备之间的连接，一般直接连接而不经过端子排。

（3）屏内设备与屏顶小母线的连接，有的经过端子排，有的不经过端子排。对不经常操作，不易损坏及检修时不需拆线的二次设备可不经过端子排。

（4）电流回路应经过试验端子连接。预告及事故信号回路和其他需要断开操作的回路，一般经过特殊端子或试验端子。

（5）端子排配置应满足运行、检修、调试的要求，并尽可能与屏上设备位置对应。每个安装单位应用独立的端子排，并按交流电流回路、交流电压回路、信号回路、控制回路及其他回路顺序排列。同类回路应按设备编号数字由小到大的顺序，从上到下排列。同一屏上有几个安装单位时，各安装单位端子排的排列应与屏面布置相配合。

（6）每个安装单位的端子排应编号，并预留 30％作为备用端子。在端子排两端应设置终端端子，起标识、分区和紧固的作用。

（7）正负电源之间，经常带电的正电源和合闸或跳闸回路之间，一般以一个空端子隔开。

端子排的图示方法需依照相关作图规则。端子排图的视图方向是从屏背面到屏正面，端子排图需表明端子类型、数量和排列顺序，如图 1-7 所示。图 1-7 中屏顶小母线视为屏外设备，至屏顶小母线电缆引向朝上；其他电缆引向朝下。

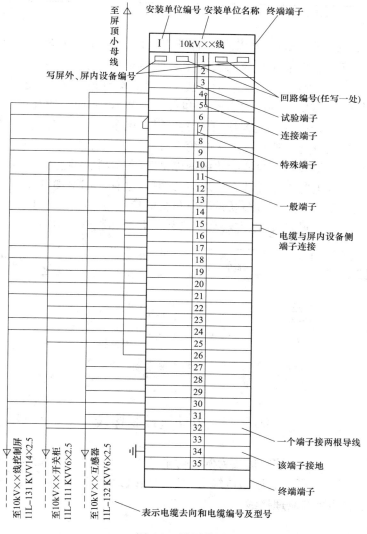

图 1-7　端子排图

为了区别不同电缆，需对电缆进行编号，如图 1-7 中的 131、111 等。电缆数字编号的方法见表 1-4。数字编号由三位数字组成，以不同的途径分组，数字不够用时，可将百位的 1 改为 2 或 3。表中编号是对一个安装单位电缆的编号，不是指所有安装单位的全部电缆。

表 1-4　　　　　　　　　　　　　　　　控制电缆数字编号组

序号	电缆途径	基本编号	可增加编号
1	主控室到各处电缆	100～129	200～229，300～329
2	主控室内屏间联系电缆	130～149	230～249，330～349
3	电动机及厂用配电装置电缆	150～159	250～259，350～359
4	出线小室电缆	160～179	260～279，360～379
5	配电装置内联系电缆	180～189	280～289，380～389
6	主变压器处的联系电缆	190～199	290～299，390～399

三、电缆清册

电缆清册（Cable Schedule）是以表格的形式表现二次电缆在设备与设备、设备与屏、屏与屏间的联系，每根电缆都在相应的表格中有所体现。电缆清册的含义和电缆用量清单（BQ：Bill of Quantity）不同，电缆清册中包含电缆始端（FROM）、电缆末端（TO）、电缆编号、型号、长度、芯数（包括使用芯数和备用芯数）、截面、所在电缆敷设图纸编号、沿途路径标号等项内容。通过电缆清册可以了解每根电缆的来龙去脉及其他相关信息。当然，电缆清册不为二次电缆所独有，一次电缆也有相应的电缆清册，只是相比一次电缆，二次电缆通常在数量上多很多，电缆清册的编制也是工程二次图中绘制一项重要工作。

在规模较小，涉及电缆数量较少的工程项目中，也有采用电缆联系图的方式来表现各屏、设备之间电缆联系关系的。电缆联系图所包含的信息没有电缆清册全面，其优点是简单直观，表现始、终端屏（设备）、电缆编号、型号、芯数和截面等项信息，如图 1-8 所示。

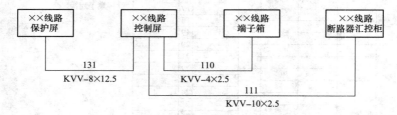

图 1-8　电缆联系图

第五节　电动机控制接线

以单台电动机起动/停止控制接线为例，对本章中所学习的二次回路中各设备、元件的安装地点及回路编号、端子排、联系电缆等项概念加以说明。

一、电动机起/停控制原理接线

1. 动作逻辑

图 1-9 为电动机起/停控制原理图。图中左侧部分为电动机一次回路，动力电源引自某

低压配电柜（MCC）。其计量回路由装于 U、W 两相的电流互感器二次线圈分别接至电流表 A1、A2。一次回路中，QA 为开关，KM 为接触器，KR 为热继电器，M 为电动机；图 1-9 中右侧部分是以展开图形式给出的电动机控制二次接线图，其中 HR 为红灯（点亮表示运行），HG 为绿灯（点亮表示停止），A、N 为电动机控制的交流操作电源。作为操作电源，可以引自为电动机馈电的一次回路本身，也可以是引自其他地方的交流回路。

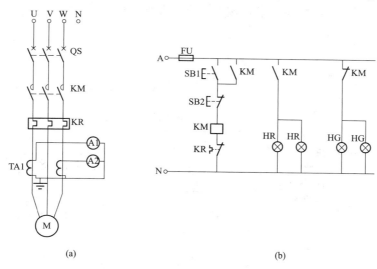

图 1-9 电动机起/停控制原理图

（a）电动机一次回路；（b）电动机二次回路

原理图的首要任务是表明电路的连接关系，图 1-9 在给出电路连接关系的基础上表达动作的逻辑关系，图面简洁，利于分析动作逻辑。现就图 1-9 将电动机起/停控制过程分析如下：设初始状态为 QA 合上，电动机 M 处于停止状态。此时绿灯回路通过接触器 KM 辅助动断触点接通操作电源，绿灯 HG 点亮，指示电动机处于停止状态。起动时，按下手动合闸按钮 SB1，其触点接通瞬间，所在回路接通，接触器 KM 线圈励磁，KM 主触点接通电动机一次回路，电动机起动旋转。接触器 KM 线圈接通瞬间，其动合及动断辅助触点翻转，绿灯 HG 回路断开，红灯回路接通，红灯 HR 点亮指示电动机运行状态。当按下手动按钮 SB1 的手指松开后，其接点随之断开，但由于 SB1 的触点并联了接触器 KM 的动合辅助触点，SB1 的触点断开后，回路仍由与其并联的接触器动合触点 KM 保持接通状态，电动机 M 维持旋转。将接触器的辅助动合触点与 SB1 触点并联的做法称为"自保持"，是二次回路中经常采用的方法。将电动机由运行而停止时，按下手动跳闸按钮 SB2，按下的瞬间其触点断开使所在回路断开，接触器 KM 线圈失磁从而断开其在一次回路中的主触点，电动机 M 停止运行，同时接触器动合和动断辅助触点状态翻转，红灯 HR 熄灭绿灯 HG 点亮。图 1-9（b）中红、绿灯各有两个是因为将被安装于不同的地点。当按下按钮 SB2 的手松开后，其触点随之由断开状态恢复到接通状态，但此时其上方的 SB1 触点和 KM 动合触点皆为断开状态，所在回路仍然是断开状态，电动机 M 保持停止。

2. 控制回路编号及设备安装地点

图 1-10 是在图 1-9 的基础上，加注了回路编号及在某些设备或元件上加上了虚线框而

形成的，除此之外其与图 1-9 完全一致。那么回路编号和虚线框意义何在？回路编号是展开原理图的重要特征，其意义在于固化了设备元件之间的连接关系。在经端子排接线的情况下，回路编号就是端子排上的回路号；虚线框表示框内设备或元件不安装在本地（图中指低压配电柜 MMC），换句话说，组成图 1-9 原理接线的各个设备或元件，实际中可能安装于不同的屏、柜、箱等安装地点，图 1-10 中用虚线框标识安装地点的不同。如此，图 1-10 所包含的信息使其较之图 1-9，增加了指导施工安装的必要信息。

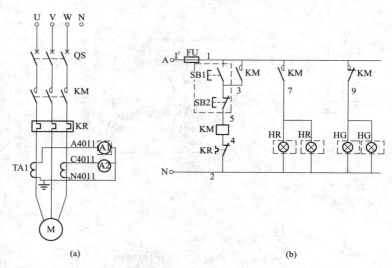

图 1-10　标记了回路编号和表示别处安装的设备虚线框的原理图

（a）电动机一次回路；（b）电动机二次回路

3. 按安装地点划分绘出的接线图

图 1-11 是将图 1-10 按各设备元件的安装地点为区域特征画出的，即将各设备元件按其所在的屏、柜、箱作为区域划分而画出的（故去掉了图 1-10 中表示不同安装地点的虚框），同时明确安装地点的名称，此名称在代表各自安装地点的虚线框右上角标识。图 1-11 中 MCC 为低压配电柜，其中安装开关 QS、接触器 KM、电流互感器 TA1、电流表 A2、热继电器 KR、熔断器 FU；L 为电动机旁现地操作箱，其中安装有电流表 A1、起停按钮（SB1、SB2）和一组红绿灯；CB 为控制室或值班室内显示屏，其上安装一组红绿灯（红灯运行，绿灯停止），以监视电动机的运行状态。

从图 1-11 可以清晰看出各设备元件的安装地点及各屏、柜、箱的电缆联系关系，也可以看出接线端子排的形成过程（图 1-11 中为 MCC 柜后端子排）。可以说，图 1-11 更侧重于指导施工安装，其缺点是不利于清晰直观地看出电路各设备、元件的连接关系和分析动作逻辑。

由单纯表达动作原理的图 1-9 到增加了回路编号及安装区域划分等"工程"要素的图 1-10，再到侧重表达设备元件安装地点和接线关系的图 1-11，以递进变化的方式说明了对同一个动作原理的不同表达方式以及所侧重表现的不同作用。了解和掌握这样的变化方式及其含义，对回路编号，端子排的形成及设备安装地点等概念可以有更清晰的认识，对以后的图纸识读和实践运用都不无帮助。

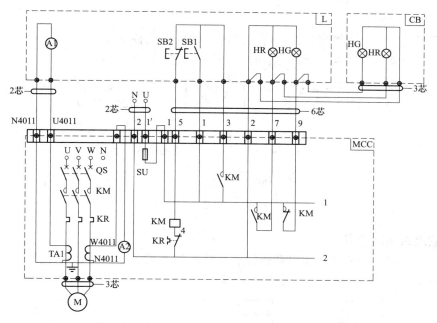

图 1-11 按设备安装地点划分绘制的电动机起动/停止控制原理图

二、端子排图

由图 1-11 和前述端子排图相关制图规定，可得到 MCC 柜后端子排图，如图 1-12 所示。必须指出的是，图 1-11 是为了便于理解端子排的形成过程而绘制的，它并不是我国所规定的展开原理图的绘制模式。而不经图 1-11，直接从图 1-10 得到此端子排图，则需要在具备一定专业知识的基础上所形成的专业能力。

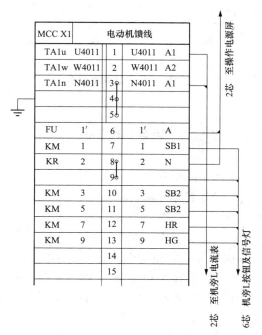

图 1-12 MCC 柜后端子排图

三、电缆联系图

当工程项目较小、内容较少时，可以用电缆联系图代替电缆清册。由图 1-11 可以直观得到本节电动机起/停控制的电缆联系图，如图 1-13 所示。

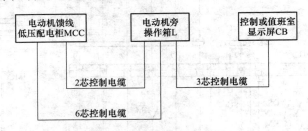

图 1-13　控制电缆联系图

四、安装结果示意图

为了便于理解本节所介绍的电动机控制接线所涉及的各个环节，给出如图 1-14 所示安装结果示意图。

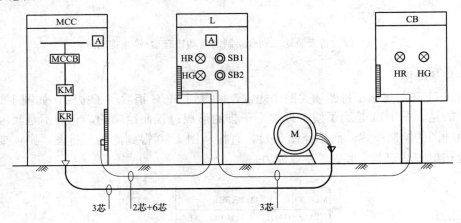

图 1-14　安装结果示意图

 思考与练习题

1. 试叙述二次设备和二次回路的概念。

2. 与集中式原理图相比，展开式原理图有哪些优点？

3. 何为"相对编号法"？

4. 安装单位和安装地点的概念有什么不同？

5. 图 1-15 为 10kV 线路保护集中式原理图。图 1-15 中 KA1、KA2 为定时限速断保护电流继电器，KA3、KA4 为过电流保护电流继电器，KT1、KT2 为时间继电器，KS1、KS2 为信号继电器，XB1、XB2 为连接片。画出此保护配置的展开式原理图并试给出回路编号和右侧表格说明。

6. 根据图 1-16 所示的 10kV 线路保护交流电流回路及端子排接线图，按相对编号法试

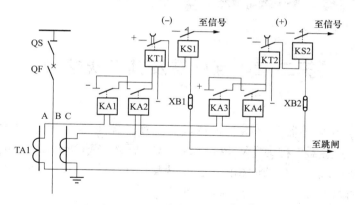

图 1-15 某 10kV 线路保护集中式原理图

填写图 1-17 中设备端子的线端编号。

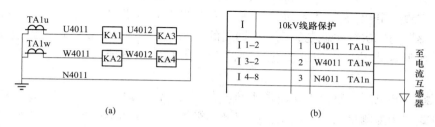

图 1-16 某 10kV 线路保护交流电回路及端子排接线图

(a) 交流电流回路；(b) 端子接线

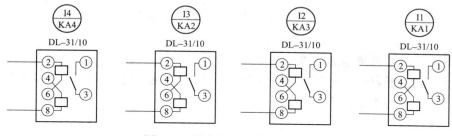

图 1-17 设备端子的线端编号图

第二章 互感器及其二次接线

互感器分为电流互感器和电压互感器，电流互感器也称为 TA(CURRENT TRANS-FORMER)，电压互感器也称为 TV(POTENTIAL TRANSFORMER)。电磁式电流互感器和电压互感器工作原理与变压器的相同，但是从其特性、使用目的、产品结构和接入一次系统的方式及二次回路方式等方面，二者有着很大的不同。

互感器的首要作用是将一次回路和二次回路进行电气隔离，将一次回路的大电流或高电压转换成二次回路规定的小电流和低电压。电流、电压互感器的一次侧直接接于一次系统，故互感器本身属于一次设备。一般讲，电流互感器二次额定电流为 5A（或 1A、0.5A），电压互感器二次规格电压为 100V，供同样规格化了的二次回路的设备元件、仪器仪表使用。因此说，互感器的二次线圈就是交流二次回路的始端，它通过和一次线圈的磁耦合关系，比例地反映一次回路电流、电压的变化，由此在二次侧以小电流、低电压反映一次侧运行状况。

电流互感器和电压互感器工作原理相同，有一些共性的指标，如变比、线圈或绕组的极性和接线方式、作为测量工具的测量精度或准确级等二者都随着电压等级、安装地点和安装方式的不同有着多种产品型式。按其工作原理有电磁式和光电式两种型式，常用的为电磁式。

第一节 电 流 互 感 器

一、电磁式电流互感器的结构

电磁式电流互感器按结构如示意图分为单匝单铁心、多匝单铁心、多匝多铁心和零序电流互感器 4 种，如图 2-1 所示。

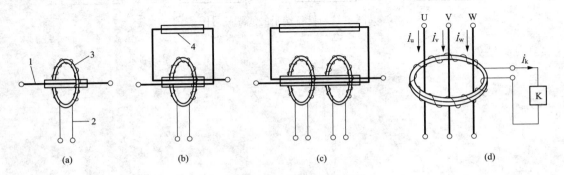

图 2-1 电流互感器结构示意图

(a) 单匝单铁心；(b) 多匝单铁心；(c) 多匝多铁心；(d) 零序电流互感器结构示意

1——次绕组；2——二次绕组；3——铁心；4——绝缘

图 2-1（d）为零序电流互感器结构示意，它的一次绕组为三相单匝一次回路同时穿过其铁心。二次绕组负载电流为一次三相电流相量和，即

$$\dot{I}_K = \frac{1}{n_{TA}}(\dot{I}_U + \dot{I}_V + \dot{I}_W) = \frac{1}{n_{TA}} \times 3\dot{I}_0 \qquad (2\text{-}1)$$

式中：n_{TA} 为电流互感器变比。

从式（2-1）可以看出，当系统正常运行（或发生对称短路）时，一次回路三相电流对称，此时三相电流相量和为零，即 $3\dot{I}_0$ 为零，铁心中没有零序磁通，二次负载电流 $I_K = 0$。

当一次系统发生接地故障时，三相电流出现不对称，其相量和不为零，铁心中产生零序磁通，此时根据公式：

$$3\dot{I}_0 = \dot{I}_U^{(1)} + \dot{I}_V^{(1)} + \dot{I}_W^{(1)}$$

二次负载电流 $\dot{I}_K$ 为

$$\dot{I}_K = \frac{1}{n_{TA}}[\dot{I}_u^{(1)} + \dot{I}_v^{(1)} + \dot{I}_w^{(1)}] = \frac{1}{n_{TA}} \times 3\dot{I}_0 \qquad (2\text{-}2)$$

以上讨论了一次系统发生金属性单相接地短路时，零序电流的发生情况。当一次系统发生两相接地短路等不对称故障时，系统中也将产生零序电流。

二、电流互感器的要点

1. 电流互感器的组数

图 2-2 所示，电流互感器配置横向的一排为互感器的一组。安装于一次系统某一处的电流互感器需要几组，则需根据计量、保护的需要而定，但是这些组通常是同一台互感器的不同二次绕组。每一组互感器可以是全相（三相），也可以是非全相（两相或单相），两相的情况下通常是缺中相（B 相），如图 2-2 中第一组，一般讲，随着一次系统电压等级的增高，相应的二次配置项目也增多，需要的电流互感器组数也相应增加。

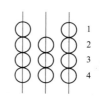

图 2-2　电流互感器组数示意图

2. 电流互感器的配置

（1）对于装设有断路器的一次回路，均需配置电流互感器。

（2）对于未装设断路器的发电机和变压器的中性点回路，也需装设电流互感器。如 35～60kV 站用变压器中性点、220kV 及以上的主变压器中性点回路；200MW 及以上大容量单元接线机组出口回路、厂用变压器高压侧及桥形接线的跨条上。

（3）直接接地系统中的电流互感器一般按三相配置；非直接接地系统中的电流互感器一般按两相配置。但为了满足继电保护灵敏度的要求，对特殊回路可按三相配置，如对发电机和主变压器低压侧一般按三相配置。

3. 电流互感器的工作特性

（1）电流互感器的负载以串联方式接在二次绕组，这些负载为测量仪表、继电器的电流线圈。由于这些电流线圈的导线较粗，阻抗较小，因此电流互感器正常工作时，二次绕组端电压很低，接近于短路状态。

（2）由于电流互感器二次负载电流的去磁作用，使得铁心中合成磁动势很小，在二次绕组内的感应电动势不会超过几十伏。二次侧开路将使二次电流去磁作用消失，合成磁动势突然增大，在二次绕组感应出数百至数千伏的高压，危及设备和人身安全，因此，运行中的电

流互感器二次侧严禁开路，也不允许在二次回路串接熔断器。

（3）当电流互感器一、二次绕组间绝缘击穿时，一次绕组的高压将传到二次绕组和二次回路，因此为保证人身和二次设备安全，电流互感器二次回路必须有一点接地。备用的电流互感器二次绕组也需短接并接地。

4. 电流互感器的变比、误差及准确级、容量和变比选择

（1）电流互感器的变比为一次额定电流和二次额定电流之比，也近似等于二次绕组匝数和一次绕组匝数之比。若电流互感器一次绕组匝数为 N_1 匝，额定电流为 I_{1N}；二次绕组匝数为 N_2，二次额定电流为 I_{2N}，则变比 n_{TA} 为

$$n_{TA} = \frac{I_{1N}}{I_{2N}} = \frac{N_2}{N_1} \tag{2-3}$$

（2）电流互感器的误差分为电流误差和相位误差，简称比差和角差。在忽略铁磁损耗的理想情况下，电流互感器的一、二次电流大小成正比，相位也一致。但在实际情况下，由于激磁电流导致铁磁损耗，使得一、二次电流大小不成正比，相位也不相同，即存在电流误差和相位误差。

电流误差 f_i 的含义为折算为一次电流的二次电流与一次电流的差值，此差值和一次电流比值的百分数，其表达式为

$$f_i = \frac{n_{TA} I_2 - I_1}{I_1} \times 100\% \tag{2-4}$$

可见电流误差是一种相对误差。

相位误差为旋转 $180°$ 的二次电流相量 $-\dot{I}_2'$ 与一次电流相量 $\dot{I}_1$ 之间的夹角 δ_i，并规定 $-\dot{I}_2'$ 超前时 δ_i 为正值，单位为度或弧度。需要说明的是：δ_i 就是一次绕组和二次绕组电流向量的夹角，只是这个夹角与绕组极性或同名端的定义有关。

电流误差 f_i 对电流型测量仪表和电流型继电器的测量结果有影响；相位差 δ_i 对功率型测量仪表和功率型继电器的测量结果有影响。电流互感器的误差和其一次电流、铁心的质量、结构尺寸及二次回路负载阻抗有关，衡量误差大小的指标，用准确级来表示。

（3）电流互感器的准确级。准确级是指在允许的二次负载范围内，一次电流为额定时，最大电流误差的百分值。

准确级分为 0.2、0.5、1、3、10 共五级，其中 0.2、0.5、1 级为测量级；3、10（10、10P、10P10、10P20）为保护级，括号内为国际电工委员会 IEC 的规定。"P" 表示"保护"。准确级数值越大说明互感器的误差也就越大。例如：0.5 级表示一次电流为额定时，电流误差极限为 $\pm0.5\%$，相位误差为 $\pm40°$；10P20 表示一次电流倍数（回路一次电流与电流互感器额定一次电流之比）$m=10$，并且二次负载在 10% 误差曲线所要求的范围之内时，其电流误差极限为 $\pm10\%$，相位误差极限一般不作规定。

测量级电流互感器在一次系统发生短路，一次电流急剧增大时，希望电流互感器较早饱和以便二次测量仪表不致因为二次电流过大而损坏；保护级电流互感器在一次系统发生短路时工作，要求在可能出现的短路电流范围内，且在规定的二次负载情况下，电流互感器的误差极限不超过相应的准确级。图 2-3 所示的电流互感器 10% 误差曲线表达了这样的关系，它是在保证电流互感器电流误差不超过 10% 的条件下，一次电流倍数 m 和电流互感器二次允许负载阻抗 Z_2 的关系曲线。曲线下方误差不超过 10%，m 越大，满足要求的二次负载阻抗

就越小。一次电流倍数 $m=I_1/I_{1N}$，I_1 为电流互感器安装处一次绕组流过的电流，I_{1N} 为电流互感器额定一次电流。

保护用电流互感器的准确级按用途分为稳态和暂态两大类。随着电力系统电压等级不断升高，尤其在 500kV 级以上的电网，电网的时间常数增大，短路电流的非周期分量衰减速度变慢，使得短路电流的暂态持续时间变长，保护用电流互感器很快达到极度饱和，电流互感器的误差也随之变大，导致在暂态过程中，保护装置不能正常工作。为弥补这样的缺欠，在电压等级 500kV 及以上的电网中，要选用具有良好暂态特性的保护用电流互感器。

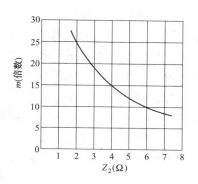

图 2-3　电流互感器 10%误差曲线

（4）电流互感器的容量。电流互感器的容量指二次绕组所承担的容量，即负载功率，计算式为

$$S_2=U_2I_2=I_2^2Z_2 \tag{2-5}$$

式中：S_2 为电流互感器二次负载容量（VA）；U_2 为电流互感器二次工作电压（V）；I_2 为电流互感器二次工作电流（A）；Z_2 为电流互感器二次负载阻抗（Ω），其中包括二次测量仪表、保护继电器电流线圈的阻抗、连接导线的电阻和接触电阻。

由于电流互感器二次电流只随一次电流变化，不随二次负载阻抗变化，其容量 S_2 取决于 Z_2 的大小。为了保证电流互感器在选定的准确级下运行，必须校验其实际二次负载阻抗是否小于允许值。

当电流互感器在额定二次电流 I_{2N} 和额定二次负载阻抗 Z_{2N} 条件下运行时，电流互感器二次绕组输出的容量即为电流互感器额定容量 S_{2N}，其表达式为

$$S_{2N}=I_{2N}^2Z_{2N} \tag{2-6}$$

在二次电流为额定的情况下，如果二次负载阻抗超过额定阻抗，则误差会超过规定范围，电流互感器就不能满足准确级的要求，必须降级使用。

（5）电流互感器的变比选择。前述误差和准确级的概念中就包含了电流互感器变比选择的因素。抛开电流互感器产品结构参数，电流互感器一次电流或二次电流是决定误差的一个因素，既然已对二次额定电流进行了规定（5、1、0.5A），那么如何选择一次电流就等于选择了电流互感器的变比。通常按如下原则选择：

1）电流互感器一次额定电流比一次回路正常工作电流大 1/3 左右，使仪表工作在最佳状态，过负荷时有适当的显示量程；

2）变压器中性点回路零序电流互感器额定一次电流按允许不平衡电流选择，一般为变压器额定电流的 1/3 左右；

3）发电机中性点回路零序电流互感器按允许不平衡电流选择，一般为发电机额定电流的 20%～30%。

三、电流互感器绕组极性端及标注图例

1. 电流互感器绕组极性端

电流互感器的一、二次绕组通过磁耦合相互关联，两绕组中的电流变化规律遵从楞次定律。为了判别电流互感器一次电流 $\dot{I}_1$ 和二次电流 $\dot{I}_2$ 的相位关系，必须首先识别（标记）

一、二次绕组的极性端（同名端），用星号"＊"或圆点"·"标记。准确标注极性端对于将同一一次回路的不同相的电流互感器二次绕组形成正确的接线组合，使二次接线准确反映和判别一次系统的运行状态非常重要，否则将出现计量错误或使继电保护装置和自动装置产生误动或拒动，造成严重的后果。

标记极性端的方法有两种，即加极性标注法和减极性标注法，也称为异极性标注法和同极性标注法。我国普遍采用减极性标注法标记极性端。减极性标注法的原则是按对应相的一、二次绕组的极性相位相同的端进行标注，使之成为一对减极性端（同时一、二次绕组的另一未标注端也成为另一对减极性端）。

2. 电流互感器减极性端的判据

（1）当一次电流正方向为从极性端流向绕组（·→）时，二次电流正方向为由绕组流向极性端（→·），简记为"头进头出"；

（2）当分别从一、二次绕组极性端向绕组注入电流时，其磁通方向相同。

上述两条判据为对应相的一、二次绕组的哪一端为一对减极性端的判据，与此二条判据相反的描述也就成为加极性端的判据。

图 2-4 表示了绕在同一铁心（穿过同一磁通链）的相同绕向的两个绕组和不同绕向的两个绕组的减极性端排列关系。在不知道两绕组绕向关系的情况下，则需借助相关仪器仪表判断两绕组的极性端。

可见，标记了极性端也就等于确定了绕组的绕向关系，虽然绕组的绕向关系通常不在图中画出，换句话说，绕组的绕向关系由极性端的标注记号代表了。

3. 电流互感器极性端标注图例

由减极性标注法对电流互感器极性端的标注示例如图 2-5 所示。图中 H_1 和 H_2 为一次绕组的首末端，K_1 和 K_2 为二次绕组的首末端；如 H_1 和 K_1 为一对极性端（减极性同名端），则 H_2 和 K_2 即为另一对极性端。若一次电流 $\dot{I}_1$ 从 H_1 端流入，则二次电流 $\dot{I}_2$ 应从二次绕组对应极性端 K_1 流出。按此原则定义电流互感器一、二次电流正方向时，在忽略电流互感器激磁电流造成的相位差的情况下，一次电流 $\dot{I}_1$ 和二次 $\dot{I}_2$ 的相位相同。这也是减极性标注法的目的所在。

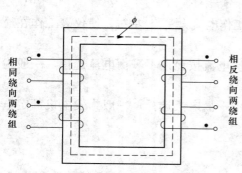

图 2-4 绕组绕向与极性端顺序示意图

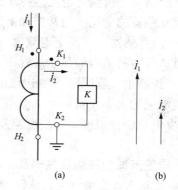

图 2-5 电流互感器极性端标注
(a) 极性标注；(b) 电流相量

应当指出，电流互感器对应相一、二次绕组的极性关系，与后面将要叙述的电压互感器对应相一、二次绕组的极性关系的定义原则是一致的。

四、电流互感器二次回路接线方式

电流互感器的二次回路接线方式，由测量仪表、继电保护及自动装置的要求而定。电力系统中，常见的电流互感器接线方式有如下几种。

1. 单只电流互感器接线方式

如图 2-6 所示，这种接线主要用于发电机、变压器中性点和 $6\sim10kV$ 电缆线路的零序电流互感器，只反映零序电流。

2. 三相星形接线方式

如图 2-7 所示，这种接线用于 110kV 及以上中性点直接接地系统中，既可以用于测量回路，也可以用于继电保护和自动装置回路，对各种短路故障都能反应，因此得到广泛应用。三相星形接线中，各相负载电流等于流过各自二次绕组的电流

$$\dot{I}_{\mathrm{u}} = \dot{I}_{\mathrm{U}} / n_{\mathrm{TA}} \text{ , } \dot{I}_{\mathrm{v}} = \dot{I}_{\mathrm{V}} / n_{\mathrm{TA}} \text{ , } \dot{I}_{\mathrm{w}} = \dot{I}_{\mathrm{W}} / n_{\mathrm{TA}}$$

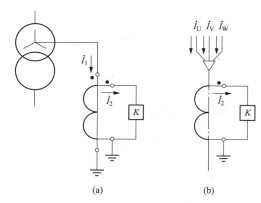

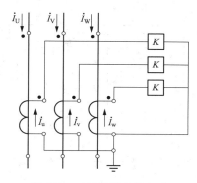

图 2-6　单只电流互感器接线方式

（a）接于变压器中性点；（b）接于三相电缆

图 2-7　三相星形接线方式

3. 两相星形接线方式

此种接线有两相两继电器和两相三继电器两种方式。

（1）两相两继电器接线方式

如图 2-8 所示，这种接线主要用于 35kV 及以下中性点非直接接地系统的测量和保护接线。此接线在正常对称运行时，电流互感器中性线回路的电流等于三相星形接线的 v 相电流，但方向与之相反，即：

$$\dot{I}_{\mathrm{n}} = \dot{I}_{\mathrm{u}} + \dot{I}_{\mathrm{w}} = -\dot{I}_{\mathrm{v}}$$

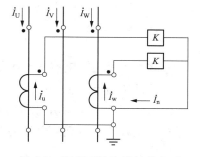

图 2-8　两相两继电器接线方式

但当一次系统发生不对称短路时，中性线中流过的电流往往不是真正的 V 相电流，不能反映 V 相接地故障。此接线也广泛用于测量回路，用以测量电流、有功功率、无功功率、有功电能及无功电能等。

（2）两相三继电器接线方式

此种接线与三相星形相比，少了一只电流互感器；与两相不完全星形相比，多了一只继

电器。如图 2-9 所示，此种接线在任何两相短路时均有两只继电器动作且灵敏度相同，可靠性高于两相不完全接线。

正常运行或三相短路时，此种接线方式流过中性线所接继电器的电流为 U、W 两相的相量和，即

$$\dot{I}_k = \dot{I}_u + \dot{I}_w$$

此接线的缺点也是不能反映 V 相故障，所以它适用于中性点非直接接地系统中继电保护回路。

4. 三相三角形接线方式

如图 2-10 所示，此种接线主要用于继电保护和自动装置回路，很少用于测量仪表回路。其与三相星形接线同样，也可以在中性点直接接地系统中对任何形式的短路故障都能反映，在中性点不直接接地的系统中，对除单相接地以外的任何短路故障也都能反映。但此接线较为复杂，投资也大，因此较少采用。但对于容量较大的 Yd 接线的变压器，采用差动保护时，为了改变星侧电流相位，则需采用此种接线方式。

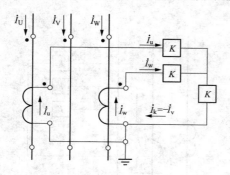

图 2-9　两相三继电器接线方式

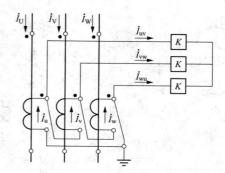

图 2-10　三相三角形接线方式

三角形接线在正常运行时，流过各相负载的电流是两相电流的相量差，即

$$\dot{I}_{uv} = \dot{I}_u - \dot{I}_v$$
$$\dot{I}_{vw} = \dot{I}_v - \dot{I}_w$$
$$\dot{I}_{wu} = \dot{I}_w - \dot{I}_u$$

因此流入每相继电器的电流是每相二次绕组电流的 $\sqrt{3}$ 倍，并且没有零序分量。

5. 和电流接线方式

如图 2-11 所示，多用于 3/2 接线、角形接线、桥形接线的测量和保护回路。正常对称运行时，流入三相负载的电流为两组互感器对应相之和，即

$$\dot{I}_u = \dot{I}_{u1} + \dot{I}_{u2}$$
$$\dot{I}_v = \dot{I}_{v1} + \dot{I}_{v2}$$
$$\dot{I}_w = \dot{I}_{w1} + \dot{I}_{w2}$$

中性线回路电流为零，即

$$\dot{I}_n = \dot{I}_u + \dot{I}_v + \dot{I}_w = 0$$

6. 两相差接线方式

如图 2-12 所示，此种接线用于中性点非直接接地系统的继电保护回路。反映各种相间短路，但灵敏度不同，有的甚至相差一倍，因此不如两相式接线，一般很少采用。

正常运行时，流过继电器的电流为

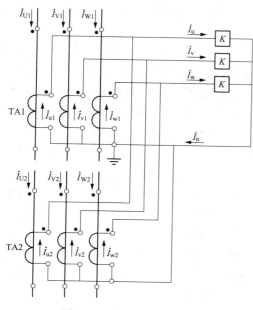

图 2-11　和电流接线方式

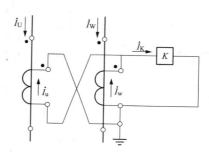

图 2-12　两相差接线方式

$$\dot{I}_K = \dot{I}_w - \dot{I}_u$$

流入继电器电流是相电流的 $\sqrt{3}$ 倍。

7. 三相零序接线方式

如图 2-13 所示。此种接线主要用于继电保护和自动装置回路。它是将三个同型号的电流互感器的极性端连接起来，同时也将非极性端也连接起来，然后分别接于负载两端，组成零序电流过滤器。此种接线主要用于继电保护及自动装置回路，测量回路一般不用此接线。

此接线流过负载的电流 $\dot{I}_K$ 等于三相电流互感器二次电流的相量和，即

$$\dot{I}_K = (\dot{I}_u + \dot{I}_v + \dot{I}_w) = \frac{1}{n_{TA}}(\dot{I}_U + \dot{I}_V + \dot{I}_W) = \frac{1}{n_{TA}} \times 3\dot{I}_0$$

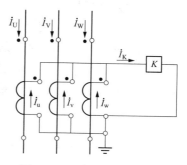

图 2-13　三相零序接线方式

正常运行或对称短路时，二次负载电流 I_K 为零。

第二节　电压互感器

一、电压互感器的结构

电压互感器是一种小容量的变压器，其一次绕组接于电气一次回路，二次绕组连接仪表

或继电保护和自动装置的电压线圈，容量一般为几十至几百伏安。电压互感器有电磁式、电容分压式、光电式等形式，常用的为电磁式和电容分压式。电压互感器有单相式和三相式两种型式，三相电磁式电压互感器按其铁心结构又有三相三柱式和三相五柱式两种结构。

　　三相五柱式电压互感器由于具有零序磁通的通路，除了可以检测一次系统的相电压和线电压，也可以检测零序电压，因此得到广泛应用。下面以三相五柱式电压互感器为例，介绍电磁式电压互感器的结构和绕组接线。

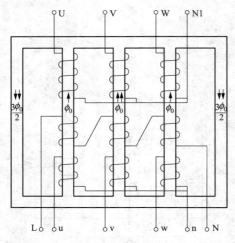

图 2-14　三相五柱式电压互感器结构示意图

　　图 2-14 为三相五柱式电压互感器结构示意图，两个边柱铁心为零序磁通通路。如图 2-14 所示，电压互感器的一次三相绕组分别绕于中间三个铁心的上部，其引出端为 U、V、W、N_1，中性点 N_1 直接接地；电压互感器的二次三相主绕组分别绕于中间三个铁心的下部，其引出端为 u、v、w、n，二次主绕组以星形接线向负载提供三相电压，其中性点 n 是否接地需根据二次回路的要求而定，当用于 110kV 及以上的电压等级的电力系统时，n 为直接接地；电压互感器的二次三相辅助绕组分别绕于中间三个铁心的中部，其引出端子为 L、N，连接成开口三角形，用于检测零序电压，也称为零序电压过滤器。

　　应当指出，去掉图 2-14 中的两侧铁心和连接为开口三角形的辅助二次绕组，即成为三相三柱式电压互感器的铁心结构和一、二次绕组接线型式。三相三柱式电压互感器的一次绕组中性点不允许接地，因为当一次系统发生不对称接地故障时，出现的零序电流会使互感器过热，甚至烧毁。其二次绕组的中性点是否接地需根据二次回路的要求而定。

　　二、电压互感器特点

　　1. 电压互感器的额定变比

　　电压互感器一、二次绕组的额定电压之比，称为电压互感器的额定变比。额定变比近似等于电压互感器一、二次绕组匝数比。若电压互感器一次绕组的匝数为 N_1，额定电压为 U_{1N}；二次绕组的匝数为 N_2，额定电压为 U_{2N}，则变比 n_{TV} 为

$$n_{TV} = \frac{N_1}{N_2} = \frac{U_{1N}}{U_{2N}} \tag{2-7}$$

　　电压互感器二次额定电压规定为 100V，此电压是指二次绕组在一定接线方式下端子引出的额定电压，故主二次绕组为星形接线时，其绕组额定电压为 $100/\sqrt{3}$ V。接成开口三角形的二次辅助绕组，其绕组额定电压随电压互感器连接的一次系统的中性点接地方式的不同而不同。一次系统为中性点直接接地时，绕组额定电压为 100V；一次系统为中性点非直接接地时，绕组电压为 100/3V。辅助绕组的绕组额定电压随一次系统中性点接地方式的不同而不同的目的，是使一次系统发生单相接地或其他不对称短路时，其开口端额定电压不超过规定的 100V，对此分析如下。

　　辅助二次绕组接成开口三角形的目的，是构成零序电压过滤器，使开口端电压与一次系统三倍零序电压成正比，如图 2-15 所示。

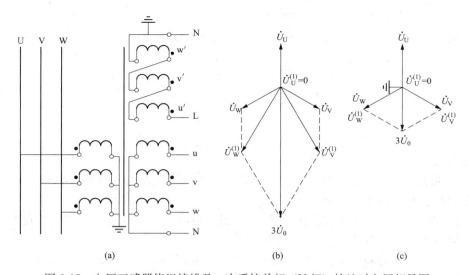

图 2-15 电压互感器绕组接线及一次系统单相（U 相）接地时电压相量图

（a）电压互感器绕组接线；（b）35kV 及以下中性点非直接接地系统；（c）110kV 及以上中性点直接接地系统

根据

$$\dot{U}_{LN} = \dot{U}_{u'} + \dot{U}_{v'} + \dot{U}_{w'} = \frac{1}{n_{TV}}(\dot{U}_{U} + \dot{U}_{V} + \dot{U}_{W}) = \frac{1}{n_{TV}} \times 3\dot{U}_{0} \tag{2-8}$$

当一次系统正常运行或对称短路故障时，U、V、W 三相电压对称，其相量和为零，此时 L、N 端口电压为零。一次系统发生单相金属性短路时，电压互感器二次辅助绕组，即开口三角开口端电压 $\dot{U}_{LN}$ 的大小按一次系统中性点运行方式的不同分为以下两种情况：

（1）35kV 及以下中性点非直接接地系统。如图 2-15（b）所示，当一次系统发生单相（A 相）接地故障时，故障相对地电压为零，非故障相对地电压升高为线电压，但此时线电压三角形保持不变，不影响用户正常工作，故允许运行一段时间，一般为 1～2h。根据式（2-8），有

$$\dot{U}_{LN} = \frac{1}{n_{TV}}(\dot{U}_{U}^{(1)} + \dot{U}_{V}^{(1)} + \dot{U}_{W}^{(1)}) = \frac{1}{n_{TV}}(\dot{U}_{V}^{(1)} + \dot{U}_{W}^{(1)}) = \frac{1}{n_{TV}} \times 3\dot{U}_{0} \tag{2-9}$$

其有效值为

$$U_{LN} = \frac{1}{n_{TV}} \times 3U_{0} = \frac{1}{n_{TV}} \times \sqrt{3}U_{V}^{(1)} = \frac{100}{3U_{V}^{(1)}} \times \sqrt{3} \times \sqrt{3}U_{V}^{(1)} = 100 \, (V)$$

（2）110kV 及以上中性点直接接地系统。如图 2-15（c）所示，当一次系统发生单相（U 相）接地故障时，故障相对地电压为零，非故障相对地电压仍然保持为相电压不变。此时仍有式

$$\dot{U}_{LN} = \frac{1}{n_{TV}}(\dot{U}_{U}^{(1)} + \dot{U}_{V}^{(1)} + \dot{U}_{W}^{(1)}) = \frac{1}{n_{TV}}(\dot{U}_{V}^{(1)} + \dot{U}_{W}^{(1)}) = \frac{1}{n_{TV}} \times 3\dot{U}_{0}$$

其有效值为

$$U_{LN} = \frac{1}{n_{TV}} \times 3U_{0} = \frac{1}{n_{TV}} \times U_{V}^{(1)} = \frac{100}{U_{V}^{(1)}} \times U_{V}^{(1)} = 100 \, (V)$$

根据以上分析可见，对于带有辅助二次绕组的电压互感器，为使开口三角侧最大二次电

压不超过 100V，其变比 n_{TV} 分为两种情况：

（1）用于 35kV 及以下中性点非直接接地系统时，变比为

$$n_{TV} = U_N / \frac{100}{\sqrt{3}} / \frac{100}{3}$$

（2）用于 110kV 及以上中性点直接接地系统时，变比为

$$n_{TV} = U_N / \frac{100}{\sqrt{3}} / 100$$

2. 电压互感器的配置

（1）电压互感器的配置原则为对应一次系统的各种运行方式，都能满足测量仪表、继电保护、自动装置及同期系统的电压信号要求。

（2）在 6kV 及以上电压等级每段母线（角型、桥形等无母线接线方式的则在汇流节点）上均需安装一组电压互感器。

（3）60～500kV 线路，若需检测线路对侧电压或可能操作同期时，在线路隔离开关外侧安装电压互感器。

（4）对于 220～500kV 的 3/2 主接线方式的电压互感器配置，接线中主变压器高压侧一般安装一台单相电容式电压互感器，如主变压器保护需要三相电压则安装三台单相电容式电压互感器。线路或联络变压器高压侧，一般安装三台电容式电压互感器，用于测量及保护。两组母线一般各安装一台单相电容式电压互感器，用于同期、母线电压及频率监视，如母线保护需要三相电压时，则每组母线各安装三台单相电容式电压互感器。

（5）大容量发电机出口一般安装 2～3 组电压互感器，给测量仪表、继电保护、自动电压调整装置提供发电机定子回路二次电压，电压互感器选用三相五柱式。也有些大型发电机出口电压互感器采用单相式，使检修、运行方便，设备故障率低。对应配置了定子 100% 接地保护的大型发电机，则需在发电机中性点回路安装单相电压互感器（接地变压器）。

3. 电压互感器的工作特性

（1）因为跨接于电压互感器二次电压母线各相的测量仪表和继电器的电压线圈等二次负载的阻抗都很大，正常工作时，二次电压不受二次负载的影响，取决于一次电压在二次绕组中的感应电动势，二次电流很小，电压互感器接近空载状态。因此电压互感器二次侧不允许短路，否则将造成电压互感器铁心及绕组烧损。

（2）同电流互感器一样，为保证人身和设备安全，电压互感器二次侧必须有一点接地。

（3）为防止电压互感器二次侧发生短路，需装设短路保护设施。通常用于 35kV 及以下中性点非直接接地系统中的电压互感器，在其二次侧各相引出端装设熔断器作为短路保护；用于 110kV 及以上中性点直接接地系统中的电压互感器，在其二次侧各相引出端装设快速低压断路器作为短路保护。

在中性线和辅助二次绕组回路中，均不装设熔断器或低压断路器。因为正常运行时，中性线和辅助二次绕组端口电压为零或只有很小的不平衡电压，同时也较难对熔断器或低压断路器本身进行监视。

（4）由于电压互感器二次侧装设了短路保护，当二次侧短路造成熔断器熔断或低压断路器跳闸，使电压互感器二次侧断线，或由于与一次系统推入式连接的电压互感器未推至卡位等其他原因而造成的电压互感器二次电压母线无压而误报为一次无压的状况，会使某些保

护，如距离保护及备用电源自动投入装置发生误动，因此需有电压互感器断线闭锁措施及相应信号装置，以便运行人员及时发现处理。

（5）当电压互感器检修时，应有防止电压互感器二次电压反送至一次，造成危及人身安全的危险高压的隔离措施。由于电压互感器是通过隔离开关接入一次系统的，通常利用将此隔离开关的动合辅助触点接入电压互感器二次绕组的引出回路的方法来实现，即当隔离开关为分闸状态时，其所接电压互感器二次侧电压小母线上的测试电压不会反送至一次绕组。

（6）对于二次元件需随一次转换运行母线而切换电压互感器及有备用关系的电压互感器，应有可靠的电压互感器二次切换回路。

三、电压互感器的极性端及标注图例

与前述电流互感器极性端同样，电压互感器也采用减极性标注法标注其一、二次绕组极性端，如图 2-16 所示。

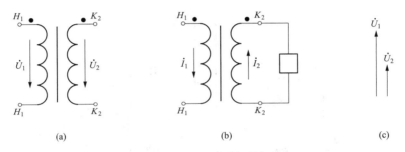

图 2-16 电压互感器极性标注

（a）极性与电压；（b）极性与电流；（c）相量图

电压互感器两侧电压 $\dot{U}_1$ 和 $\dot{U}_2$ 的正方向，一般由极性端指向非极性端，如图 2-16（a）所示。当接上负荷后，一次绕组电流 $\dot{I}_1$ 的正方向为从极性端 H_1 流入，二次绕组电流 $\dot{I}_2$ 的正方向为从极性端 K_2 流出，符合"头进头出"规则，如图 2-16（b）所示。同时，减极性标注使得一、二次电压相位相同，如图 2-16（c）所示。

四、电压互感器接线方式

电压互感器接线方式主要有如下几种，具体采用何种接线方式取决于其二次绕组负载的需求。

1. 单相式

如图 2-17 所示，此接线用于单相或三相系统。用于单相时，一次绕组接于一相与地之间，在 110～220kV 中性点直接接地系统中测量相电压，变比为 $\dfrac{U_N}{\sqrt{3}}/100$（$U_N$ 为一次侧额定电压）；用于相间时，一次绕组不能接地，一次绕组接于任意线电压上，测量线电压，此时变比为 $U_N/100$。以上两种应用，二次绕组必须一端接地，二次绕组额定电压都为 100V。

2. V_v 形接线

如图 2-18 所示，此种接线适用于 6～35kV 中性点非直接接地系统。一次绕组不能接地，二次绕组中相接地。只能测线电压，不能测相电压。电压互感器的变比为 $U_N/100$。二次绕组额定电压为 100V。

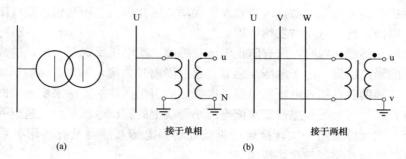

图 2-17　电压互感器单相接线

（a）一次图例；（b）绕组接线

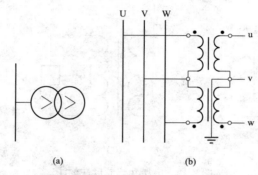

图 2-18　电压互感器 Vv 接线

（a）一次图例；（b）绕组接线

3. 三相三柱式电压互感器的三相星形接线

如图 2-19 所示，此接线用于中性点非直接接地系统。一次绕组不允许接地，因为三相三柱铁心无零序磁路，一次系统发生单相接地故障时将引起互感器发热至烧损；二次绕组中性点接地。一次绕组接系统相电压。此接线既可以测量相对地电压，也可以测量相间电压。变比为 $\dfrac{U_N}{\sqrt{3}}\Big/\dfrac{100}{\sqrt{3}}$，二次绕组额定电压为 $100/\sqrt{3}$ V。

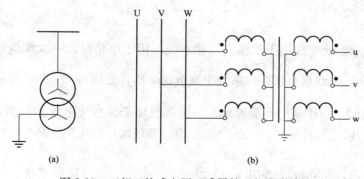

图 2-19　三相三柱式电压互感器的三相星形接线

（a）一次图例；（b）绕组接线

4. 三相五柱式电压互感器的三相星形加开口三角形接线

如图 2-20 所示，此种互感器一次绕组和主二次绕组接成三相星形外，附加一个辅助二次绕组接成开口三角形。当电压等级升高，没有此种互感器产品时，则需采用三个单相电压互感器组合为一台三相电压互感器。三相五柱式电压互感器的辅助绕组，在用于中性点非直接接地系统时，绕组额定电压为 100/3V，在用于中性点直接接地系统时，绕组额定电压为 100V，因此，三相五柱式电压互感器的变比为 $\dfrac{U_N}{\sqrt{3}} / \dfrac{100}{\sqrt{3}} / \dfrac{100}{3}$，或 $\dfrac{U_N}{\sqrt{3}} / \dfrac{100}{\sqrt{3}} / 100$。二次星形绕组接地方式与电压互感器连接的一次系统中性点运行方式有关，通常是接于中性点非直接接地的一次系统时，其二次星形绕组 B 相接地，而其中性点经火花间隙接地；当接于中性点直接接地的一次系统时，其二次星形绕组的中性点接地。

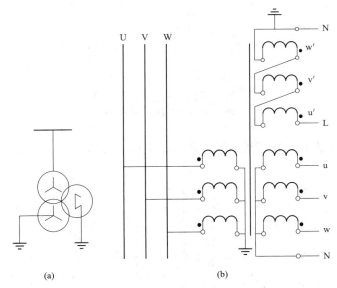

图 2-20　三相五柱式电压互感器的三相星形及开口三角形接线
（a）一次图例；（b）绕组接线

5. 三台单相电压互感器接线

如图 2-21 所示，此种接线是用三台单相电压互感器连接成一台三相电压互感器。用于 110kV 及以上中性直接接地系统，一般在无三相五柱电压互感器产品时选用此种接线方式。其与三相五柱电压互感器用于中性点直接接地一次系统时是等效的。互感器一、二次星形绕组中性点均接地，辅助二次开口三角形绕组的开口的一端接地。变比为 $\dfrac{U_N}{\sqrt{3}} / \dfrac{100}{\sqrt{3}} / 100$。辅助绕组额定电压为 100V。

6. 三台单相电容式电压互感器接线

如图 2-22 所示，此种接线与上述三台单相电磁式电压互感器相比较，除表示电容分压的环节外，其余部分相同，变比为 $\dfrac{U_N}{\sqrt{3}} / \dfrac{100}{\sqrt{3}} / 100$，辅助绕组额定电压为 100V。其单相型式常用于高压输电线路出口的某一相，以检测线路对侧电压信号。这种接线方式适用于 110kV

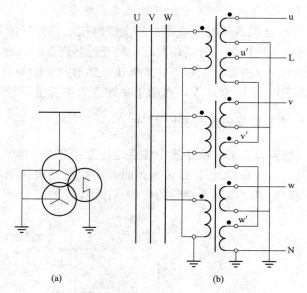

图 2-21　三台单相电压互感器接线

（a）一次图例；（b）绕组接线

及以上电压等级的中性点直接接地系统，是广泛应用的首选型式。

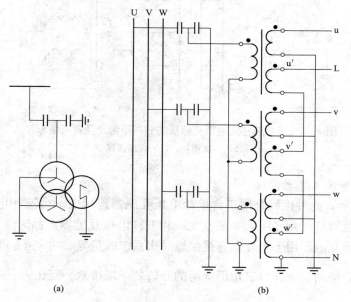

图 2-22　三台单相电容式电压互感器接线

（a）一次图例；（b）绕组接线

五、电容式电压互感器

电容式电压互感器（CTV）由于其造价低、可靠性高、体积小、质量轻等优点，广泛应用于 110kV 及以上中性点直接接地电力系统中，其市场占有率达 80% 以上，330kV 及以上电压等级均使用此种电压互感器。

电容式电压互感器是由电容分压后，在一个较低电压上（一般为 10～20kV）接入中间变压器，实现隔离和降压的目的，如图 2-23 所示。

图 2-23 中，右侧上方（u、x）为主二次绕组，其下方为辅助二次绕组；左侧为电容分压器。经电容分压器分压后的电压，即 C_2 上的电压因电容的性质按反比规律分压，其电压 $\dot{U}_{C2}$ 为

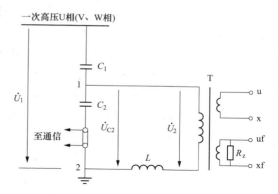

图 2-23　电容式电压互感器原理接线
C_1—主电容；C_2—分压电容；T—中间变压器；
L—补偿电抗器；R_z—阻尼电阻

$$\dot{U}_{C2} = \frac{C_1}{C_1 + C_2}\dot{U}_1 = n\dot{U}_1 \qquad (2\text{-}10)$$

式中 n 为分压比。式（2-10）为不接负载时的输出电压，当图 2-23 中 1、2 端接入负载时，将使电压降低，误差增大，以至于不能作为电压互感器使用。为了减少内阻，需在电路接入电抗器 L 进行补偿，其作用是减小分压电容的内阻抗从而提高测量精度。1、2 两点内阻抗 Z 为电源短接后此两点的入端阻抗，其值为

$$Z = \frac{1}{\omega(C_1 + C_2)}$$

当 $\omega L = \dfrac{1}{\omega(C_1 + C_2)}$ 时，分压器端口内阻抗为零，即

$$\mathrm{j}\omega L + \frac{1}{\mathrm{j}\omega(C_1 + C_2)} = 0$$

此时输出电压 $\dot{U}_2$ 与负载阻抗无关，即

$$\dot{U}_2 = n\dot{U}_1 \qquad (2\text{-}11)$$

电容式电压互感器的分压电容还可以兼作载波通信的耦合电容，将载波频率耦合到高压输电线用于长途通讯、远方测量、选择性线路高频保护、遥控、电传打字等。与电磁式电压互感器相比，电容式电压互感器也存在一些固有的缺点，如输出容量较小、精度较差，暂态性能较差等。互感器的辅助二次绕组中的阻尼电阻 R_z 的作用即是有效阻尼铁磁谐振及改善瞬态相应特性。

六、电压互感器二次回路

实际的电压互感器二次回路接线是在电压互感器绕组原理接线的基础上，增加满足电压互感器实际应用的诸如体现短路保护、断线闭锁、防止向一次侧反送电措施、绝缘监察装置及标注了文字符号和回路编号的各二次电压母线，根据运行和备用关系的切换回路及相关的表计和信号回路等环节所表达的接线构成。

本小节以 6～35kV 中性点非直接接地系统和 110kV 及以上中性点直接接地系统的两种电压互感器接线为例，介绍电压互感器的典型二次回路接线方式。现场实际的电压互感器二次回路接线，是在此两种接线基础上，根据测量和保护共用电压小母线、测量和保护分别设置电压小母线或为满足保护多重化要求而增加了主二次绕组组数等需求扩展而构成的。

1. 中相（V 相）接地的电压互感器二次回路

中性点非直接接地系统的 V 相接地的电压互感器二次回路如图 2-24 所示。图中 QS 为隔离开关，TVu、TVv、TVw 为电压互感器主二次绕组，TVu′、TVv′、TVw′为辅助二次绕组，F 为火花间隙，FU1、FU2、FU3 为熔断器，KE 为接地继电器（电压继电器），KS 为信号继电器，H1 为光字牌，M709、M710 为直流预告信号小母线，M703、M716 为直流掉牌未复归小母线，+700 为直流信号正电源小母线，L1-630、L2-600、L3-630、N-630 及 L630 为电压互感器二次电压小母线文字符号（名称），U630、V600、W630、N630 为引自对应电压小母线的电压回路编号。

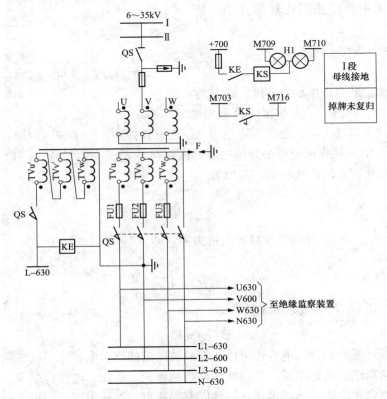

图 2-24　V 相接地的电压互感器二次回路

图 2-24 中，电压互感器主二次绕组 TVu、TVv、TVw 接成完全星形接线，其各相和中性点经电缆接至对应电压小母线 L1-630、L2-600、L3-630、N-630 上；电压互感器辅助二次绕组 TVu′、TVv′、TVw′接成开口三角形，构成零序电压过滤器。

一次系统正常运行时，辅助二次绕组开口端电压为零，接地继电器 KE 不动作。当一次系统发生单相接地等接地性短路故障时，辅助二次绕组开口端电压不为零，即有零序电压输出，当此电压达到 KE 的动作值时，KE 动作，其动合触点闭合，在点亮"Ⅰ段母线接地"的光字牌 H1 的同时起动信号继电器 KS，KS 动合触点闭合接通掉牌未复归小母线 M703、M716，点亮"掉牌未复归"光字牌。"掉牌未复归"光字牌为一种公用故障光字牌，其点亮时显示发生了某种故障，而并不显示具体故障名称。本例中"Ⅰ段母线接地"则为显示发生了何种具体故障的光字牌。

　　熔断器 FU1、FU2、FU3 的作用为电压互感器二次回路的短路保护。在此种主二次绕组 B 相接地的接线方式中，FU2 熔断将使电压互感器二次侧失去保安接地点，此时若有高电压侵入二次绕组，将涉及二次设备和人身安全。为此，在二次绕组中性点与地之间装设了火花间隙 F，正常运行时，中性点对地电压为零，火花间隙不会击穿，当二次星形绕组中性点过电压时，间隙被击穿，使二次绕组中性点直接接地，从而保护了电压互感器及人身安全。电压恢复正常后，火花间隙也自动恢复到初始状态。

　　在电压互感器二次绕组串联隔离开关动合辅助触点，使电压互感器二次回路的接通、断开与电压互感器一次接引隔离开关的合闸与分闸状态同步，其目的是防止二次回路电压反送到一次系统，造成高电压危及检修人员安全。

　　电压互感器二次侧与电流互感器二次都必须保证一点接地，这是为设备和人身安全而设置的，又称为保安接地点。V 相接地的电压互感器接线方式还有一个好处就是可以简化同期电压接线。

　　2. 中性点直接接地的电压互感器二次回路

　　中性点直接接地的电压互感器二次回路如图 2-25 所示。图 2-25 中，QS 为隔离开关，TVu、TVv、TVw 为电压互感器主二次绕组，TVu′、TVv′、TVw′ 为辅助二次绕组，QA1、QA2、QA3 为断路器，FU 为熔断器，SM 为转换开关（其触点图表如图 2-25 中右侧上方所示），PV 为电压表，L1-630、L2-630、L3-630、N-600 及 L-630 为电压互感器二次电压小母线，（试）630 为试验电压小母线。

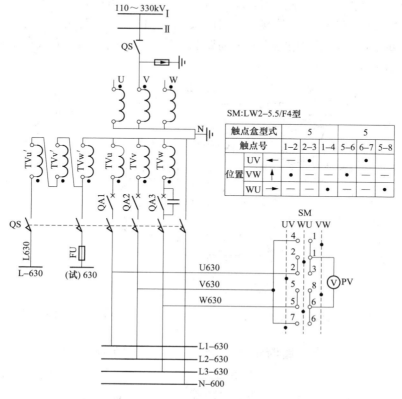

图 2-25　中性点直接接地的电压互感器二次回路

电压互感器一次绕组和主二次绕组接成完全星形接线，辅助二次绕组接成开口三角形。一、二次绕组中性点及辅助二次绕组开口三角的一端直接接地。为了满足在距离电压互感器较远处二次回路发生短路故障时能迅速断开故障相，在电压互感器二次侧出口处采用微型快速自动断路器 QA1、QA2、QA3 代替熔断器。为防止三相断路器同时断开时，断线闭锁装置会因为三相同时失去电源而拒动失效，在图中 W 相（理论上可以是任何一相）断路器 QA3 上并联电容器，其目的是使电压经电容器继续为断线闭锁装置提供不对称电源，以使断线闭锁继电器能够动作，发出"二次回路断线"信号。电压互感器二次回路中串联隔离开关动合辅助触点的作用与图 2-23 同样是为防止二次回路向一次系统反送电。

将转换开关 SM 手柄切换至"UV（AB）"、"VW（BC）"、"WU（CA）"的对应位置，可由电压表 PV 测量相应的相间电压。若三组相间电压相等，且为一次母线的线电压，说明系统正常运行，三相对称；若三组相间电压不相等，说明一次发生短路故障或电压互感器二次回路可能断线，具体判断需参照相关保护动作信号。

试验电压小母线（试）630 的作用，是为了检查零序功率方向继电器接线是否正确。

3. 电压互感器二次电压切换回路

电压互感器二次电压的切换对应如下两种情况。

（1）双母线上电气设备的二次回路电压切换。对于双母线接线的一次系统，二次回路电压需随一次回路的切换一同切换，即电气设备接在哪组母线上，其二次回路电压也应该由该组母线的电压互感器引接，否则在一次母线切换后，母联断路器断开，造成母线分立运行时，可能出现一次回路和二次回路不对应的情况，那么就会出现测量仪表不准确，继电保护和安全自动装置发生拒动或误动的现象。因此双母线上的一次回路或电气设备应设有对应的二次电压切换回路，一般可利用隔离开关辅助触点和中间继电器触点完成自动切换，其切换回路动作原理如图 2-26 所示。

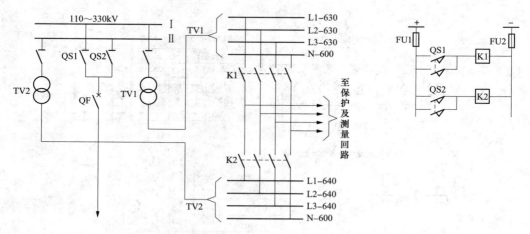

图 2-26　利用隔离开关辅助触点及中间继电器触点切换的二次电压切换回路

图 2-26 中，QF 为一次回路断路器，QS1、QS2 分别为接至 Ⅰ、Ⅱ 母线的隔离开关。L1-630、L2-630、L3-630、N-600 为 Ⅰ 组母线电压互感器 TV1 二次电压小母线；L1-640、L2-640、L3-640、N-600 为 Ⅱ 组母线电压互感器 TV2 二次电压小母线；K1、K2 为中间继电器（电压切换继电器）。当一次回路运行在 Ⅰ 组母线上时，QS1 闭合，其辅助动合触点闭

合，在二次回路中（图中右上部分）起动中间继电器 K1，K1 动合触点闭合，将电压互感器 TV1 二次电压引至保护和测量仪表的电压回路。同理，当 QS2 闭合时，将电压互感器 TV2 二次电压引至保护和测量仪表的电压回路，如此完成二次电压随一次运行母线的自动切换。

（2）互为备用的电压互感器二次电压切换。对 6kV 及以上电压等级的双母线接线的一次系统，两组母线的电压互感器应设置互为备用的切换回路，以便当其中一组母线上的互感器因检修等原因退出运行时，保证其二次电压小母线的电压不间断，即切换至另一组电压互感器供电。其电压切换回路如图 2-27 所示。

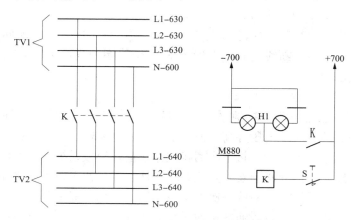

图 2-27 互为备用的两组母线电压互感器的二次电压切换回路

切换操作是由手动开关 S 和中间继电器 K 实现的。切换操作的前提是一次母线联络回路为投入运行状态。如当 I 组母线上的电压互感器 TV1 需要退出运行时，首先投入母联回路（此时操作闭锁小母线 M880 才会与操作电源负极连通），然后按手动开关 S 使之接通起动中间继电器 K 动作，则其动合触点闭合，则 TV1 二次电压小母线接通 TV2 对应的电压小母线，完成备用的切换。同时 K 的另一个动合触点接通光字牌 H1，点亮"电压互感器切换"字样。最后断开 I 组母线上的电压互感器 TV1 的隔离开关，TV1 退出运行。

4. 电压互感器二次电压回路断线闭锁回路

电压互感器二次输出端装有短路保护元件，当短路保护动作或其他原因使二次电压回路断线时，距离保护可能发生误动。在断线的状况下，又发生外部故障会造成距离保护无选择性动作或者使其他继电保护和自动装置不正确动作，因此需要装设电压回路断线信号装置，在熔断器熔断或自动开关断开或其他原因造成的二次回路断线时，能发出断线闭锁信号，提示运行人员及时发现并处理。

图 2-28 为采用零序电压原理构成的电压互感器二次电压回路断线的信号装置原理图。

图 2-28 中，K 为断线信号继电器，也称为断线闭锁继电器。K 有两个线圈 L1 和 L2，L1 经过三个等值电容 C1、C2、C3 组成的零序电压过滤器接至电压互感器主二次绕组；L2 经过电阻 R 和电容 C 接至电压互感器辅助二次绕组。

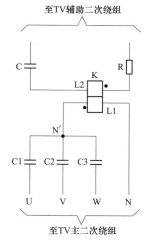

图 2-28 电压回路断线
信号装置接线图

正常运行时，N′ 与 N 两点等电位，辅助二次绕组端口电压也为零，所以断线信号继电器 K 不动作。

当电压互感器二次回路发生单相或两相断线时，此时 N′ 与 N 两点之间出现零序电压，而辅助绕组端口仍无电压，故此时断线继电器 K 动作，其触点在信号回路发出断线信号，告知运行人员。

当电压互感器二次回路发生三相断线时，由于在其中一相的自动开关上并联了电容器（见图 2-25），使得三相断开时仍有一相通过电容相连，故 N′ 与 N 两点仍有电压，保证断线信号继电器 K 仍能动作，发出断线闭锁信号。

当一次系统发生接地故障，使得 N′ 与 N 两点之间出现零序电压，但同时在辅助二次绕组中也出现零序电压，由于断线信号继电器 K 的两个线圈的零序电流磁动势相互抵消，断线继电器 K 不动作。

5. 电压互感器的绝缘监察电压表回路

对于 3～35kV 中性点非直接接地系统，一旦发生单相接地故障，会导致全系统故障相对地电压降低，非故障相对地电压升高，但由于接地点电流较小，允许运行一段时间。一旦此期间非故障相再发生接地故障，将形成两相短路接地，导致系统和电气设备受到大短路电流冲击，继电保护跳闸。因此必须及时查找单相接地点，尽快采取措施排除故障。因为系统发生单相接地故障的主要原因是系统一次设备或线路的绝缘性能下降，因此，中性点非直接接地系统必须设置绝缘监察装置，通常是通过在电压互感器二次侧设置电压监察回路实现。

图 2-29 为 3～35kV 绝缘监察电压表回路接线。图 2-29 中，PV1、PV2、PV3 为 U、V、W 三相母线电压表，SM 为 LW2-H-4、4、4/F7-8X 型转换开关（图 2-29 右侧为其触点通断图表）；L1-630、L2-600、L3-630 为Ⅰ段母线电压互感器二次电压小母线，L1-640、L2-600、L3-640 为Ⅱ段母线电压互感器二次电压小母线。

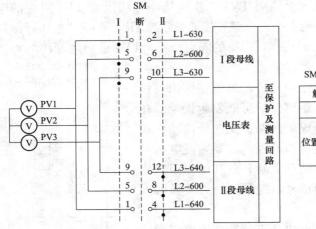

SM:LM2-H-4、4、4/F7-8X型

触点盒型式		4		4		4	
触点号		1-2	1-4	5-6	5-8	9-10	9-12
位置	断 ←	—	—	—	—	—	—
	Ⅰ ↙	•	—	•	—	•	—
	Ⅱ ↗	—	•	—	•	—	•

图 2-29　3～35kV 绝缘监察电压表回路

当转换 SM 开关切至"Ⅰ段母线"位置时，其触点 1-2、5-6、9-10 均导通，此时电压表测量Ⅰ段母线 U、V、W 相对地电压。若电压表指示相等，且均为母线额定相电压，说明一次系统绝缘良好，无断线和接地故障发生；若各相间电压不等，其中一相电压表读数变小或

为零，另两相电压表读数升高或为母线额定线电压，则变小或为零的对应相发生接地故障。当转换 SM 开关切至"Ⅱ段母线"位置时，其触点 1-4、5-8、9-12 均导通，此时电压表测量Ⅱ段母线 U、V、W 相对地电压。

　　绝缘监察装置可以判断出接地故障相，但不能判断出发生故障的特定线路，故绝缘监察装置不具备选择性。在确定发生单相接地故障的前提下，可采取依次断开线路的方法确定故障线路，当断开某一条线路后，三个电压表电压恢复平衡状态，则可确定被断开线路存在单相接地。

思考与练习题

　　1. 试简述电流、电压互感器的作用。试写出我国规定的电流互感器二次额定电流值、电压互感器二次额定电压值。

　　2. 为什么电流互感器和电压互感器二次侧必须接地？为什么运行中的电流互感器二次侧不允许开路、电压互感器二次侧不允许短路？

　　3. 减极性端标注有什么特征？

　　4. 如图 2-30 所示，试标注右侧两个二次绕组与左侧一次绕组的对应减极性端。

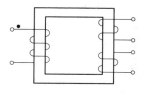

图 2-30　题 4 图

　　5. 电流互感器 10％误差曲线有何意义？

　　6. 为什么要设置电压互感器二次电压切换回路？

　　7. 为什么要对 3～35kV 一次系统设置绝缘监察装置？如何利用绝缘监察装置判断单相接地故障？

　　8. 电压互感器辅助二次绕组的额定电压有几种？为什么？

　　9. 电容分压式电压互感器有何优缺点？其二次侧补偿电抗器的作用是什么？

第三章 测 量 回 路

测量回路电力系统二次回路的重要组成部分，是对一次系统运行中的各种电气量的测量或记录而配备的各种仪表的接线型式。由于各类仪表耐压水平及电流表或仪表电流线圈量程的限制，除少数情况下在低压系统中可以采用直接接入的方式之外，多数情况下都是经电流或电压互感器二次侧接入测量回路。测量仪表具有对电气量指示和记录两方面的作用。

测量仪表的种类很多，按其工作原理可分为磁电式、电磁式、电动式、感应式和电子式等仪表。按对应的电气量可分为电流、电压、频率，功率及电能、相位及功率因数、相序等单一电气量的测量或指示仪表，也有多个电气量组合的综合表计。对于不同一次设备和一次回路需要配置哪些种类的仪表及其数量，则需按运行需要及相关规程规定进行。

第一节 电流及电压的测量回路

一、电流测量回路

电流表的接线比较简单，其原则是串联于被测回路。因为电流表的电流线圈内阻抗很小，不考虑其对所在回路的分压作用。

当电流表用于 0.4kV 低压系统，且被测电流小于电流表量程时，也可以采用直接接入的方式。但多数情况下需经电流互感器接入测量回路。这里介绍电流表经电流互感器测量回路电流的几种接线方式，如图 3-1 所示。

图 3-1 (a) 为一只互感器配一只电流表，适用于单相回路或三相对称回路；图 3-1 (b) 为三相电流互感器配三只电流表，适用于三相对称回路，也适用于三相不对称回路，测量三相电流；图 3-1 (c) 为两相电流互感器配三只电流表，适用于对称三相回路，测量三相电流。在中性点非直接接地系统中，通常只装配两相电流互感器，在此情况下测量三相电流就需用图 3-1 (c) 的接线方式。

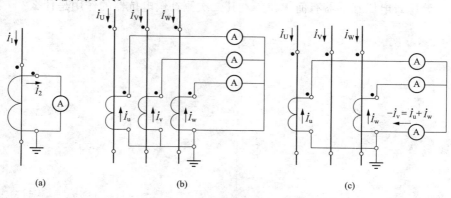

图 3-1 电流表测量回路

(a) 单相互感器单只电流表；(b) 三相互感器三只电流表；(c) 两相互感器三只电流表

在实际电流表测量回路中，常有某相回路中串接两只或以上的电流表，用于在不同安装地点显示该相电流；电流表也常与其他仪表的电流线圈串联于同一回路中。

二、电压测量回路

电压表的接线原则是并联（跨接）于被测电压的两端。因为电压表的电压线圈内阻抗很大，不考虑其对所在回路的分流作用。

当电压表用于 0.4kV 低压系统时，采用直接接入的方式。当用于电压高于电压表本身耐压水平的一次系统时，则必须经电压互感器接入。这里介绍三相系统中电压表经电压互感器接入的接线方式，如图 3-2 所示。

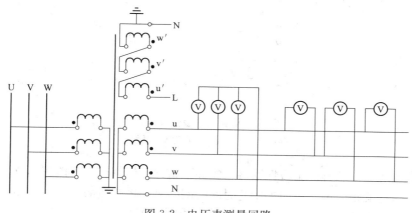

图 3-2　电压表测量回路

对应于电压互感器不同中性点的接地方式，电压表通过相应的接线方式，都能够测量一次系统的相电压和线电压（相间电压）。

第二节　功率的测量回路

功率分为有功功率和无功功率。从测量的角度看，功率分为单相功率和三相功率，三相功率中又分为三相四线功率和三相三线功率；从使用的仪表型式的角度看，有三元件三相功率表和两元件三相功率表。一般不测量单相无功功率，通常用两元件无功功率表测量三相无功功率。

由于功率测量涉及电流和电压两个电气量，而电动系仪表的转矩方向和两个线圈的电流方向有关，为此要规定一个能使仪表的指针正向偏转的电流方向，这实质上决定于电流、电压两线圈的极性端（绕向）和流入两线圈的电流方向。为使指针正确偏转，规定了功率表（电能表亦然）的"电源端"守则，即接线时要使电流、电压两线圈的"电源端"（极性端）接在电源的同一极性上。按此原则，功率表正确的接线如图 3-3 所示。图中，R_{ad} 为仪表电压回路附加电阻。附加电阻通常为内附式，其作用是分担功率表电压线圈回路的电压，改变附加电阻的值可以改变电压量程。

实际接线时，首先要弄清功率表的四个端子。四个端子

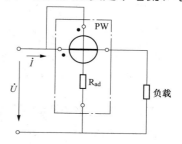

图 3-3　功率表的正确接线

中有一个端子是通过挂钩与一个小端子连接的，这个端子是电流、电压公用端子，也是相线接入表计电流线圈、电压线圈极性端（入端）的端子。另外三个端子中，与前述公用端子间电阻最小的端子为电流线圈出线端子，其余两个则为零线一进、一出端子。接线时，有将电流线圈出线端与电流出线端子相连、将电压线圈出线端与零线端子相连的"顺入式"和将电压线圈出线端与电流出线端子相连、将电流线圈出线端与零线端子相连的"跳入式"两种接线方法，两种接线方法均可使功率表正确工作，如图 3-4 所示。

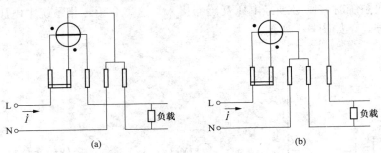

图 3-4　单相功率表接线方式
（a）顺入式接线；（b）跳入式接线

电流和电压线圈中若有一个极性反接，将导致指针反向偏转，不能正确读数；两线圈同时反接，虽然指针能正向偏转，但由于此时两线圈间直接承受负载电压，线圈间形成的较强电场产生的附加转矩会使误差增大，也可能导致线圈间绝缘击穿造成仪表损坏，因此电流、电压两线圈同时反接也是错误的接线方式。

一、单相有功功率的测量回路

用一只单相有功功率表测量单相有功功率的测量回路接线如图 3-5 所示。其中图 3-5（a）为电流、电压均直接接入；图 3-5（b）为电压直接接入，电流经互感器接入；图 3-5（c）为电流、电压均经互感器接入。

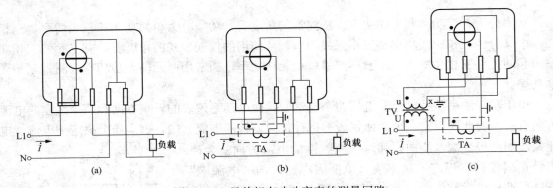

图 3-5　一只单相有功功率表的测量回路
（a）电流、电压直接接入；（b）电压直接接入、电流经互感器接入；（c）电流、电压均经互感器接入

二、三相功率的测量回路

测量三相功率可以用单相功率表或三相功率表。用三相功率表测量三相功率，有两表法和三表法的测量方法，对应使用两元件三相功率表和三元件三相功率表。功率表结构有电动

系、铁磁电动系和变换式等几种型式。无功功率通常选用铁磁电动式三相两元件无功功率表进行测量，其中有的适用于三相电压对称的三相三线制回路，有的适用于电压对称的三相三线制及三相四线制回路，它们的测量回路接线与对应的测量有功功率的接线是相同的。

1. 一表法测量三相对称的负载功率

对于电源对称，负载也对称的三相系统，可用一只功率表测量其中一相的负载功率，如图 3-6 所示。不论负载为星形接线或三角形接线，显然有

$$P = 3P_1$$

式中：P 为三相总功率；P_1 为单相功率表读数。

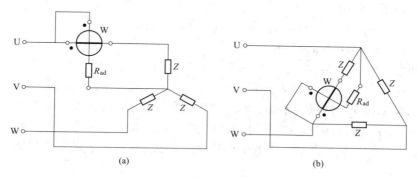

图 3-6 一表法测量三相功率

（a）星形接线对称负载；（b）三角形接线对称负载

2. 两表法测量三相三线制负载功率

两表法测量三相功率，适用于三相三线制回路，不论对称或不对称回路都可以使用。两表法可以是使用两只单相功率表，也可以使用一只整合的三相功率表，即两元件三相功率表。

两表法测量三相功率的接线如图 3-7 所示，图中每只功率表所测电流为线电流，电压为线电压。两只功率的读数为

$$P_1 = U_{UW} I_U \cos\varphi_1 \tag{3-1}$$

$$P_2 = U_{VW} I_V \cos\varphi_2 \tag{3-2}$$

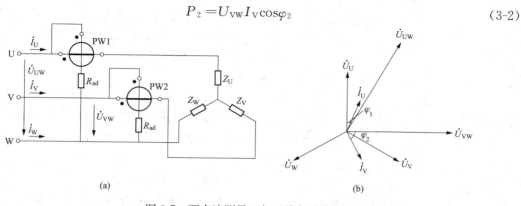

图 3-7 两表法测量三相三线制功率

（a）接线图；（b）相量图

可以证明两只功率表的读数 P1、P2 之代数和即等于三相总功率 P。从图 3-7 中可以看出，功率表 PW1、PW2 所反映的瞬时功率为

$$p_1 = u_{UW}i_U \tag{3-3}$$

$$p_2 = u_{VW}i_V \tag{3-4}$$

对应星形负载有

$$u_{UW} = u_U - u_W \tag{3-5}$$

$$u_{VW} = u_V - u_W \tag{3-6}$$

式中：u_{UW}、u_{VW} 为线电压瞬时值；u_U、u_V、u_W 为相电压瞬时值。

两表瞬时功率之和为

$$p_{12} = p_1 + p_2 = u_{UW}i_U + u_{VW}i_V = (u_U - u_W)i_U + (u_V - u_W)i_V$$
$$= u_Ui_U + u_Vi_V - (i_U + i_V)u_W \tag{3-7}$$

对应三相三线制，将 $i_U + i_V + i_W = 0$，即 $i_U + i_V = -i_W$ 代入式（3-7），有

$$p_{12} = u_Ui_U + u_Vi_V + u_Wi_W = p_U + p_V + p_W = p \tag{3-8}$$

式中：p_{12} 为 PW1、PW2 两只功率表的瞬时功率之和；p 为三相总功率瞬时值。

式（3-8）表明，两只功率表的瞬时功率之和等于三相总的瞬时功率。但功率表测量的是平均功率，同样可以证明两功率表的平均功率之和也等于三相总的平均功率

$$P = \frac{1}{T}\int_0^T (p_U + p_V + p_W)\mathrm{d}t = \frac{1}{T}\int_0^T (p_1 + p_2)\mathrm{d}t = \frac{1}{T}\int_0^T (u_{UW}i_U + u_{VW}i_V)\mathrm{d}t$$

$$= U_{UW}I_U\cos\varphi_1 + U_{VW}\dot{I}_V\cos\varphi_2 = P_1 + P_2 \tag{3-9}$$

式中：P 为三相总平均功率。

式（3-9）说明，只要是三相三线制，满足 $i_U + i_V + i_W = 0$，则无论负载对称与否，三相总功率都可以用两表法测得。如果电源和负载均对称，即

$$U_{UV} = U_{VW} = U_{WU} = U_L$$

$$I_U = I_V = I_W = I_L$$

则式（3-9）可以写为

$$P = U_{UW}I_U\cos\varphi_1 + U_{VW}I_V\varphi_2 = U_LI_L\cos(30° - \varphi) + U_LI_L\cos(30° + \varphi) \tag{3-10}$$

式中：U_L 为线电压；I_L 为线电流；φ 为功率因数角。

三相对称时的相量图如图 3-8 所示。

若负载为阻性，$\varphi = 0$，则两表读数相等，此时

$$P = P_1 + P_2 = 2P_1（或 2P_2）$$

若负载功率因数为 0.5，即 $\varphi = \pm 60°$，则其中一只功率表读数为零，此时

$$P = P_1 + P_2 = P_1（或 P_2）$$

若负载功率因数小于 0.5，即 $|\varphi| > 60°$，则

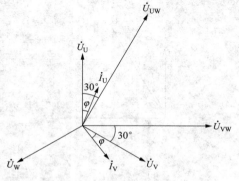

图 3-8 三相对称时的相量图

其中一只功率表读数为负值，为了获得这一负的读数，需要用一极性转换开关将电压线圈或电流线圈的电流方向改变，使其指针正向偏转，但计算总功率时，仍需将此表读数算为负值。即

$$P = P_1 - P_2 \text{ 或 } P = P_2 - P_1$$

两表法测量三相功率，可以将两只功率表电流线圈分别接在 U、V 相；V、W 相；U、W 相，但都必须遵循"电源端"守则，即不论电流线圈接在哪一相上，当电流从其带有"·"标记的极性端流入时，同一元件（表头）的电压线圈带有"·"的一端也要接在该相上，而另一端接在没有接入功率表电流线圈的那一相上。

综上所述，两表法测量三相功率，总功率为两表读数的代数和。对于三角形接线的负载，有同样的结果。

3. 三表法测量三相四线制负载功率

三相四线制的负载一般是不对称的，此时可以用三只功率表分别测出各相功率，而三相总功率为三只功率表读数之和。三表法测量三相四线制负载功率的接线如图 3-9 所示。

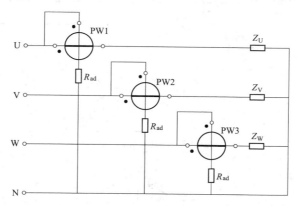

图 3-9 三表法测量三相四线制负载功率的接线

4. 三相功率测量接线示例

用两元件三相功率表测量回路三相功率是工程上常用的方法。下面以图 3-10 所示电流、电压都经过互感器接入的两元件三相功率表测量三相功率的接线为例，介绍相关接线。

图 3-10（a）采用 V_v 电压互感器进行电压变换，适用于 35kV 及以下电压等级；图 3-10（b）采用三相星形接线电压互感器进行电压变换，适用于各电压等级。图 3-10（c）是图 3-10（a）以展开图形式表现的接线方法，即将功率表的电流线圈和电压线圈分别画在对应的电流回路和电压回路中，是工程图纸通常采用的表达方法。

图 3-10 中的电压及电流互感器二次侧，为了人身及设备安全，必须保证有一点接地。

综上所述，两表法或三表法测量三相功率，可以用单相功率表，也可以用三相功率表。三相功率表按其结构，又有两元件和三元件之分。两元件三相功率表实质上等于两只单相功率表，只是通过整合组装，将两只表的可动部分安装在一个公共转轴上，这样，此转轴上的转矩等于两只功率表可动部分转矩的代数和。如使用两元件三相功率表进行测量，则从指针位置可以直接读出三相功率值。同理，三元件三相功率表相等于三只共轴的单相功率表，用三元件功率表进行测量也可以直接测出三相功率。两元件适合于三相三线制，三元件则适合于三相四线制。

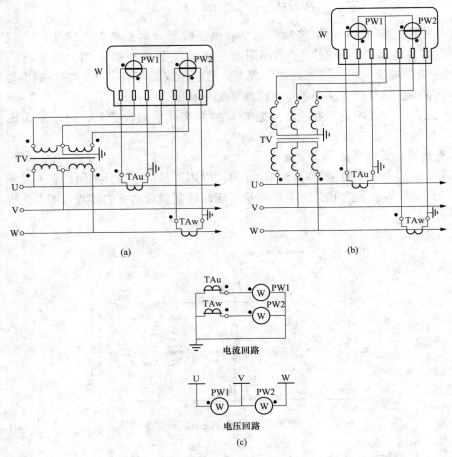

图 3-10　经电流、电压互感器接入的两元件三相功率表接线图

（a）经 V$_v$ 接线电压互感器接入；（b）经三相星形接线电压互感器接入；（c）图（a）展开接线图

第三节　电　能　测　量

　　电能是指电力系统中电力生产、传送、分配或消耗的电能量。电能分为有功电能和无功电能，这是由电力系统中的设备、线路和负荷的电气特性决定的。工程中使用是电能表（千瓦时表）作为测量电能表计。

　　电能表分为单相、三相三线、三相四线三种，后两种又分为有功电能表（有功千瓦时表）和无功电能表（无功千乏时表）。有功电能表用于三相有功电能的测量，单位为千瓦时；无功电能表用于三相无功电能的测量，单位为千乏时。

一、有功电能的测量

　　从物理意义上讲，电能（有功或无功电能）等于传输或消耗的功率与时间乘积的积分。如用 W 表示有功电能

$$W=\int_{t_1}^{t_2} p\,\mathrm{d}t \quad (\text{J})\tag{3-11}$$

式中：W 为有功电能；p 为有功功率；t_1、t_2 为测量（计算）起、止时刻。

由此可见，测量电能的表计结构不仅要反映功率，还要反映随着时间的推移，电能的积累总和。因此电能表中需要有一个积算总和的积算机构，代替指针或标尺，这也是电能表和功率表（也包括其他指示仪表）的主要区别。

常用感应系仪表作为交流电能表，感应系仪表的工作原理是利用固定的交流磁场与可动部分导体在该磁场中所感应出的电流的作用力的转矩来工作的，因为构成电能表的积算机构的一系列齿轮和显示测量结果的数字转轮机构需要较大转矩来驱动，感应系仪表恰可满足这个要求。

有功电能的测量，其接线方法和有功功率测量一样，有一表法、两表法和三表法。电力系统中三相电能的测量多采用三相电能表，按两元件和三元件的结构之分，有两只电能表和三只电能表的组合，但在一个公共转轴上，用一个积算机构读出三相总电能。

实际上，功率和电能的测量，采用的方法在本质上是一样的，只要根据仪表的构成原理，在正确接线的条件下，使仪表的驱动转矩与有功功率成比例关系，就可以通过适当的力矩和刻度的调整来测量功率和电能。

由于有功电能表的接线和有功功率表接线相同，不再赘述。

二、无功电能的测量

无功功率对电力系统运行有着十分重要的作用，合理地调配无功功率也是系统运行的一个重要任务。具有一定额定容量的发电机、变压器和输电线路，其发出或输送的视在功率也是一定的常数，若无功功率增大，有功功率就要相应减小。无功功率还使输电线路的电压损耗增大，也会在输电线路的电阻上造成有功损耗。但是，无功功率绝不是无用功率，它是用于电路内电场与磁场，并用来在电气设备中建立和维持磁场的电功率。凡是有电磁线圈的电气设备，要建立磁场，就要消耗无功功率。在正常情况下，用电设备不但要从电源取得有功功率，同时还需要从电源取得无功功率。如果电网中的无功功率不足，导致用电设备的端电压下降，那么这些用电设备就不能维持在额定电压情况下工作，从而影响用电设备的正常运行。因此，无功电能的测量，在电力生产、输送和消耗过程中都是必要的。

测量无功电能的仪表称为无功千乏时表，也称为无功电能表。在三相电路中，通常采用三相无功电能表测量三相无功电能，常用的三相无功电能表有带附加电流线圈的 DX1 型和电压线圈带 60°相角差的 DX2 型两种，此两种都属于三相两元件无功电能表，其内部电路都采用跨相 90°的接线方式，这里的 90°是指电压线圈的工作磁通与电源电压的相位差，因为感应系仪表的结构关系，只有在 90°相位差的条件下，电能表的铝盘转矩才能与负载功率保持比例关系；也可采用单相有功电能和三相有功电能表通过刻度变化和转矩的调整，用来测量三相无功电能。

1. 带有附加线圈的两元件三相无功电能测量回路

测量三线四线制的无功电能常用一种带附加线圈的三相无功电能表，图 3-11 为 DX1 型三相无功电能表的接线图及三相电源、负载对称时的相量图。该电能表的特点是除基本电流线圈外，还有一个附加电流线圈，两个线圈匝数相等、极性相反并绕在同一个铁心上，所以铁心的总磁通为两线圈的磁通差。仪表机构的转矩也与两线圈的电流差有关。

如图 3-11 所示，第一元件的基本电流线圈通以电流 $\dot{i}_U$，附加电流线圈通以电流 $\dot{i}_V$，所产生的磁场强弱与电流 $\dot{i}_{UV}=(\dot{i}_U-\dot{i}_V)$ 有关，转动力矩也与 $\dot{i}_{UV}$ 有关。当以有功功率的形

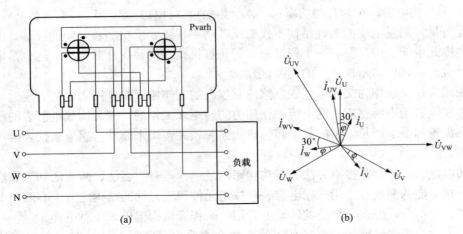

图 3-11　DX1 型三相无功电能表接线及三相电源、负载对称时的相量图

(a) DX1 型三相无功电能表接线图；(b) 三相电源负载对称时的相量图

式表示时（以力矩表示则在表达式中多一个比例常数）有

$$P_1 = U_{VW}I_{UV}\cos[90° + (30° - \varphi_U)] = -U_{VW}I_{UV}\sin(30° - \varphi_U) \tag{3-12}$$

同样，第二元件的基本电流线圈通以电流 $\dot{I}_W$，附加电流线圈通以电流 $\dot{I}_V$，所产生的磁场强弱与电流 $\dot{I}_{WV} = (\dot{I}_W - \dot{I}_V)$ 有关，转动力矩也与 $\dot{I}_{WV}$ 有关。当以有功功率的形式表示时有

$$P_2 = U_{UV}I_{WV}\cos[90° - (30° + \varphi_W)] = U_{UV}I_{WV}\sin(30° + \varphi_W) \tag{3-13}$$

当三相电源对称，负载也对称时，则

$$I_U = I_V = I_W = \frac{1}{\sqrt{3}}I_{UV} = \frac{1}{\sqrt{3}}I_{WV} = I_L$$

$$U_{UV} = U_{VW} = U_{WU} = U_L$$

$$\varphi_U = \varphi_V = \varphi_W = \varphi$$

式中：U_L 为线电压；I_L 为线电流；φ 为功率因数角。

将 U_L、I_L、φ 代入式（3-12）和式（3-13）有

$$P_1 = -\sqrt{3}U_LI_L\sin(30° - \varphi) \tag{3-14}$$

$$P_2 = \sqrt{3}U_LI_L\sin(30° + \varphi) \tag{3-15}$$

两者之和（也意味着仪表机构的总转动力矩）为

$$\begin{aligned}P = P_1 + P_2 &= \sqrt{3}U_LI_L[\sin(30° + \varphi) - \sin(30° - \varphi)]\\ &= 2\sqrt{3}U_LI_L\cos30°\sin\varphi = \sqrt{3}\sqrt{3}U_LI_L\sin\varphi\\ &= \sqrt{3}Q\end{aligned} \tag{3-16}$$

由式（3-16）可见，与有功测量的情形比较，无功测量的表达式中多了一项 $\sqrt{3}$，也就是说，如果所用的电能表结构相同，只要将电流线圈的匝数减为原来的 $1/\sqrt{3}$，就可以用积算机构直接读出无功电能。

需要指出的是，这种无功电能表不仅适用于三相四线制，也适用于三相三线制。

2. 带 60°相角差的三相无功电能测量回路

三相三线制的无功电能,广泛采用一种 60°相角差的三相无功电能表进行测量,如 DX2 型三相无功电能表。

上面提到过,单相电能表,要求电压线圈的工作磁通与电源电压的相位差为 90°,是为了使仪表转盘转矩与负载功率保持某种比例关系。但是如果将电压线圈串联一个电阻 R,通过调节 R 值使工作磁通与电源电压的相位差为 60°,这时将电压线圈串联了电阻的两元件三相电能表按图 3-12 接入测量回路则恰好可测得三相无功电能。

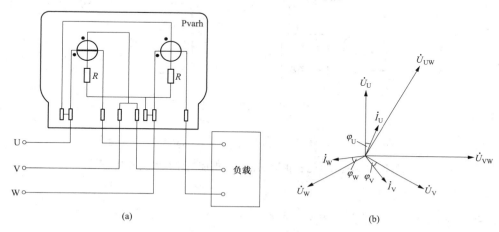

图 3-12 DX2 型两元件三相无功电能表接线及相量图

(a) DX2 型两元件三相无功电能表接线图;(b) 相量图

从图 3-12 (a) 可以看出,第一元件电流线圈接入 U 相电流 $\dot{I}_U$,电压线圈接入 V 相和 W 相相间电压 $\dot{U}_{VW}$;第二元件电流线圈接入 W 相电流 $\dot{I}_W$,电压线圈接入 U 相和 W 相相间电压 $\dot{U}_{UW}$。三相电压对称时,以有功功率表示的每个元件所测得的电能表达式为

第一元件

$$P_1 = U_{VW} I_U \cos(90° - \varphi_U - 30°) = U_{VW} I_U \cos(60° - \varphi_U)$$
$$= \frac{1}{2} U_{VW} I_U \cos\varphi_U + \frac{\sqrt{3}}{2} U_{VW} I_U \sin\varphi_U \tag{3-17}$$

第二元件

$$P_2 = U_{UW} I_W \cos(150° - \varphi_W - 30°) = U_{UW} I_W \cos(120° - \varphi_W)$$
$$= -\frac{1}{2} U_{UW} I_W \cos\varphi_W + \frac{\sqrt{3}}{2} U_{UW} I_W \sin\varphi_W \tag{3-18}$$

在三相电压对称且负载平衡时,各相电流相等,等于线电流 I_L;各相间电压相等,等于线电压 U_L;各相功率因数角相等,等于 φ。因此有两个元件测得的总功率为

$$P = P_1 + P_2 = 2\frac{\sqrt{3}}{2} U_L I_L \sin\varphi = Q \tag{3-19}$$

由式 (3-19) 可知,在三相电压对称且负载平衡的情况下,带 60°相角差的 DX2 型三相无功电能表,能直接读出三相三线制回路的总无功电能。

3. 用单相有功电能表测量对称的三相三线制无功电能

图 3-13 为用一只单相电能表测量对称三相三线制回路无功电能的接线图及其相量图。以有功功率表示的无功电能测量的表达式为

$$P = U_{VW} I_U \cos(90° - \varphi) = U_{VW} I_U \sin\varphi$$
$$= Q / \sqrt{3} \tag{3-20}$$

由此可见，其读数的 $\sqrt{3}$ 倍就是三相总无功电能，但只限于对称三相三线回路。

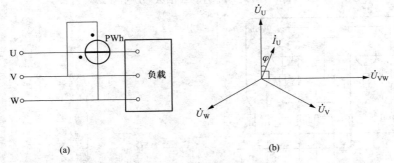

图 3-13 单相电能表测量三相无功电能电路接线及相量图
(a) 接线图；(b) 相量图

4. 用三相有功电能表测量三相无功电能

图 3-14 为用两元件三相有功电能表测量三相无功电能的接线图及相量图。以有功功率表示的无功电能测量的表达式为

$$P = P_1 + P_2 = U_{VW} I_U \cos(90° - \varphi) + U_{UV} I_C \cos(90° - \varphi)$$
$$= 2U_L I_L \sin\varphi = \frac{2}{\sqrt{3}} Q \tag{3-21}$$

式中：U_L 为线电压；I_L 为线电流。

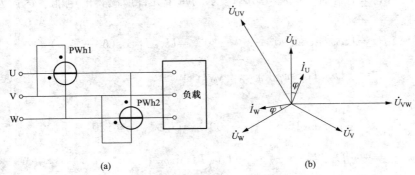

图 3-14 两元件三相有功电能表测量三相无功电能电路接线及相量图
(a) 接线图；(b) 相量图

由式（3-17）可知，两元件三相有功电能表按图 3-13 接线，其读数乘以 $\frac{\sqrt{3}}{2}$ 就等于被测回路无功电能。因为 $\frac{\sqrt{3}}{2}$ 即 0.866，其值已接近 1，只要通过电能表的调节机构，适当改变各

力矩，使得读数为原来读数的 0.866 倍，就可以直接读数，无需再乘以 $\frac{\sqrt{3}}{2}$。

第四节 频率及相位的测量回路

一、频率的测量

频率是交流电的基本运行参数之一。交流电机的转速，电路的阻抗都与频率直接相关，频率是电力系统中保证电能质量的一个重要指标。发电厂、变电站都装有频率表用来监视频率的变化。我国电力系统的额定频率为 50Hz，也称为工频。测量频率的方法有很多，本节介绍电动系直读式工频测量指示仪表的结构、工作原理及测量回路。

1. 电动系频率表的结构

电动系频率表多采用比率型结构，如图 3-15 所示。图中，固定线圈 A 在结构上分成两段，其目的是获得较为均匀的磁场分布。可动线圈有两个，B1 和 B2，彼此在空间上相差 90°，利用固定线圈 A 与可动线圈 B1 之间的电磁力矩作为转动力矩，固定线圈 A 与可动线圈 B2 之间的电磁力矩作为滞动力矩。在通电前，既无作用力矩又无反作用力矩，可动线圈呈随机平衡状态。

电动系比率型频率表的频率测量范围有 45～55Hz、900～1100Hz、1350～1650Hz 等几种。

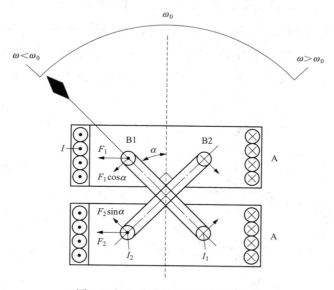

图 3-15 电动系频率表结构示意图

2. 工作原理

设通过固定线圈 A 的电流为 I，通过可动线圈 B1、B2 的电流分别为 I_1、I_2。在如图 3-15 给定的电流参考方向下，两个可动线圈通电后所产生的电磁力 F_1 和 F_2 的方向如图中箭头所示，其对可动线圈 B1 和 B2 的线圈平面垂直分量分别为

$$F_1' = F_1\cos\alpha \tag{3-22}$$

$$F'_2 = F_2\cos(90° - \alpha) \tag{3-23}$$

式中：α 为可动线圈 B1 与固定线圈 A 的轴线间的夹角。

若线圈 A、B1、B2 分别通以交流电流 i、i_1、i_2，则按电动系仪表原理，设 $\dfrac{\mathrm{d}M_{12}}{\mathrm{d}t}$ 为常数（M_{12} 为固定线圈和可动线圈间的互感），可得线圈 B1、B2 所受的瞬时转矩分别为

$$m_{1t} = k_1 i i_1 \cos\alpha \tag{3-24}$$

$$m_{2t} = k_2 i i_2 \cos(90° - \alpha) \tag{3-25}$$

可动线圈所受的平均转矩分别为

$$M_1 = \frac{1}{T}\int_0^T M_{1t}\mathrm{d}t = k_1 \dot{I}\dot{I}_1\cos\alpha\cos\varphi_1 \tag{3-26}$$

$$M_2 = \frac{1}{T}\int_0^T M_{2t}\mathrm{d}t = k_2 \dot{I}\dot{I}_2\cos(90° - \alpha)\cos\varphi_2 \tag{3-27}$$

式中：k_1、k_2 为与测量结构有关的比例常数；φ_1 为电流 $\dot{I}$、$\dot{I}_1$ 之间的夹角；φ_2 为电流 $\dot{I}$、$\dot{I}_2$ 之间的夹角。

当两转矩平衡时，指针固定在某一位置不动，若此平衡位置与频率有一定的函数关系，则可达到测量目的。

3. 频率表测量回路

频率表的测量回路接线及相量图如图 3-16 所示。图中，R_0 为跨接于可动线圈 B1 电流输入端和可动线圈 B2 电流输出端的电阻，C_0 为与可动线圈 B1 串联的电容，R、L、C 为与固定线圈 A 串联电路的电阻、电感、电容参数。设被测电压 $\dot{U}$ 与固定线圈支路电流 $\dot{I}$ 之间的相位角为 φ；$\dot{I}$ 与 B1 支路电流 $\dot{I}_1$ 之间相位角为 φ_1、$\dot{I}$ 与 B2 支路电流 $\dot{I}_2$ 之间相位角为 φ_2。在忽略线圈 B1 的阻抗、感抗后，可以认为 B1 支路为纯容性电路，电流 $\dot{I}_1$ 超前 $\dot{U}$ 90°，可得

$$\cos\varphi_1 = \cos(90° + \varphi) = -\sin\varphi \tag{3-28}$$

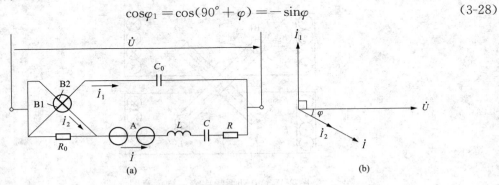

图 3-16　频率表测量回路接线及相量图

(a) 接线图；(b) 相量图

$\dot{I}_2$ 在忽略线圈 B2 和 A 的感抗成分之后，可近似认为 $\dot{I}_2$ 与 $\dot{I}$ 同相，即

$$\cos\varphi_2 = 1 \tag{3-29}$$

设 R_2 为线圈 B2 中的电阻，将式（3-24）、式（3-25）代入式（3-22）、式（3-23）并整理后得

$$M_1 = k_1 U I \omega C_0 \cos\alpha \left[-\frac{\omega L - \dfrac{1}{\omega C}}{\sqrt{R^2 + \left(\omega L - \dfrac{1}{\omega C}\right)^2}} \right] \tag{3-30}$$

$$M_2 = k_2 U I \frac{R_0}{R_0 + R_2} \frac{1}{\sqrt{R^2 + \left(\omega L - \dfrac{1}{\omega C}\right)^2}} \sin\alpha \tag{3-31}$$

从图 3-16 给定的电流参考方向可知，可动线圈 B1 产生的转矩 M_1 和可动线圈 B2 产生的转矩 M_2 的方向刚好相反，所以当 $M_1 = M_2$ 时，可动部分平衡，可推得平衡条件为

$$-k_1 \omega C_0 \left(\omega L - \frac{1}{\omega C}\right) \cos\alpha = k_2 \frac{R_0}{R_0 + R_2} \sin\alpha \tag{3-32}$$

设两可动线圈的结构、尺寸、匝数都相同，则 $k_1 = k_2$，代入式（3-28）得

$$\tan\alpha = -\frac{R_0 + R_2}{R_0} \omega C_0 \left(\omega L - \frac{1}{\omega C}\right) = f(\omega) \tag{3-33}$$

式（3-33）表明在电路其他参数为一定时，角 α 是被测角频率 ω 的函数。如果将标尺中心放在固定线圈轴线位置，指针装在可动线圈 B1 上，角 α 就是指针与标尺中心的夹角，由式（3-33）可知指针偏离标尺中心的角度 α 与被测角频率 ω 有关，因为 $\omega = 2\pi f$，亦即与被测频率 f 有关。

设被测角频率 $\omega = \omega_0$（$\omega_0 = \dfrac{1}{\sqrt{LC}}$，即电路谐振频率），将 $\omega L = \dfrac{1}{\omega C}$ 代入式（3-33）可求得 $\alpha = 0$ 即指针在固定线圈 A 的轴线也就是标尺中心位置。

若被测角频率 $\omega > \omega_0$，$\omega L - \dfrac{1}{\omega C} > 0$，$\alpha$ 角为负，指针由标尺中心顺时针偏转（按图 3-15 轴线偏左为正角，偏右为负角）。

若被测角频率 $\omega < \omega_0$，$\omega L - \dfrac{1}{\omega C} < 0$，$\alpha$ 角为正，指针由标尺中心逆时针偏转。

二、相位的测量

电力系统中的工频（50Hz）电压及工频电流，都是按同样正弦（或余弦）规律变化的，其中的电压与电压、电流与电流、电压与电流之间的相位差，是指两个变化量相继达到某一个值（比如最大值）的时间与角频率的乘积。此乘积表现为一个电角度，其单位为度或弧度。

工程上用符号 φ 表示电路的电压与电流之间的相位角，用 $\cos\varphi$ 表示功率因数。因为每一个 φ 都对应一个 $\cos\varphi$，所以相位表和功率因数表实质上是同一种表，只是一个用角度作为刻度，一个用其余弦值作为刻度。

电路的电压与电流之间的相位角，反映了电路参数的特征及电路视在功率中有功功率和无功功率的比例关系，因此对相位角的测量具有重要意义。

因为电压与电流之间相位角 $\varphi = \omega t = 2\pi f t$，所以在频率 f 为定值的情况下，可以通过测量时间来达到测量相位角的目的。因为现代测量技术中对时间的测量精度很高，所以在精确测量时可将对 φ 角的测量转换成对时间的测量。

测量相位的方法有很多，可以用直读式仪表、示波器，也可以用间接测量法。间接测量

是通过对功率 P、电压 U、电流 I 的测量，然后用下式计算出相位角 φ 的值

$$\cos\varphi = \frac{P}{UI}$$

本节介绍直读式电动系相位表的结构、工作原理及测量回路。

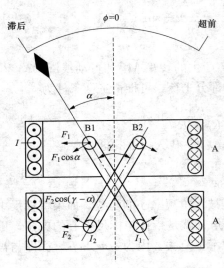

图 3-17　电动系相位表结构示意图

1. 电动系相位表的结构

电动系相位表的结构同电动系频率表一样，也采用比率表型结构，其结构示意图如图 3-17 所示。图中，A 为固定线圈，为使磁场分布均匀，由两段线圈串联而成。B1、B2 为两个结构相同，尺寸相同、匝数相等的可动线圈，彼此成 γ 交角固定在转轴上。可动部分不装游丝，利用两个可动线圈的力矩平衡进行测量，未通电时转动部分处于随机平衡状态。

2. 工作原理

电动系相位表的工作原理与电动系频率表类似，都是在一定的接线情况下，利用力矩平衡时偏转角度与被测量的函数关系进行测量。

图 3-18 为单相相位表测量接线及其相量图。图中接线为固定线圈 A 串联后引出两个电流端子，可动线圈 B1、B2 分别与 R_1、L_1 及 R_2 串联之后引出两个电压端子。测量相位时电流端子与负载 Z 串联，电压端子与电源电压并联。

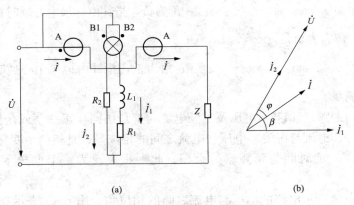

图 3-18　单相相位表接线及相量图
(a) 接线图；(b) 相量图

设通过固定线圈 A 的电流为 I，通过可动线圈 B1、B2 的电流分别为 I_1、I_2。给定电流方向如图 3-18 箭头方向所示。两个可动线圈通电后所产生的电磁力 F_1 和 F_2 的方向如图 3-17 中箭头所示，其对可动线圈 B1 和 B2 的线圈平面垂直分量分别为

$$F_1' = F_1\cos\alpha$$
$$F_2' = F_2\cos(\gamma - \alpha)$$

若通过线圈 A、B1、B2 的瞬时电流分别为 I、I_1、I_2，则两个可动线圈所产生的瞬时

转矩为

$$m_{1t} = k_1 i i_1 \cos\alpha \tag{3-34}$$

$$m_{2t} = k_2 i i_2 \cos(\gamma - \alpha) \tag{3-35}$$

可动线圈所受的平均转矩分别为

$$M_1 = \frac{1}{T}\int_0^T M_{1t}\,dt = k_1 I I_1 \cos\alpha\cos\varphi_1 \tag{3-36}$$

$$M_2 = \frac{1}{T}\int_0^T M_{2t}\,dt = k_2 I I_2 \cos(\gamma - \alpha)\cos\varphi_2 \tag{3-37}$$

式中：k_1、k_2 为与测量结构有关的比例常数；φ_1 为电流 $\dot{I}$、$\dot{I}_1$ 之间的夹角；φ_2 为电流 $\dot{I}$、$\dot{I}_2$ 之间的夹角。

在 B1、L_1、R_1 组成的支路中，电流 $\dot{I}_1$ 的相位比电压 $\dot{U}$ 的相位滞后一个 β 角，β 角的大小由 L_1、R_1 的值决定。在 B2、R_2 组成的支路中，由于 R_2 很大，可以忽略 B2 的感抗，近似地认为 $\dot{I}_2$ 与电压 $\dot{U}$ 同相，其相量图见图 3-18（b）。

将 $\cos\varphi_1 = \cos(\beta - \varphi)$ 和 $\cos\varphi_2 = \cos\varphi$ 代入式（3-32）和式（3-33），得

$$M_1 = k_1 I I_1 \cos\alpha\cos(\beta - \varphi) \tag{3-38}$$

$$M_2 = k_2 I I_2 \cos(\gamma - \alpha)\cos\varphi \tag{3-39}$$

因为 B1、B2 的结构、尺寸、匝数相同，可认为 $k_1 = k_2$。从图 3-17 的参考方向可知，可动线圈 B1 产生的转矩 M_1 和可动线圈 B2 所产生的转矩 M_2 的方向正好相反，所以当 $M_1 = M_2$ 时，可动部分平衡，可推导出平衡条件为

$$\frac{\cos\alpha}{\cos(\gamma - \alpha)} = \frac{I_2\cos\varphi}{I_1\cos(\beta - \varphi)} \tag{3-40}$$

若两支路阻抗相等，$I_1 = I_2$，并适当配置 L_1、R_1，使满足 $\beta = \gamma$，则代入式（3-40）可得

$$\alpha = \varphi \tag{3-41}$$

若指针装在 B1 平面上，固定线圈 A 的轴线与标尺中心重合，如图 3-17 所示，则指针与标尺中心的夹角就等于电路相位差角 φ。

由式（3-41）可知，若仪表标尺刻度按 φ 值标记则分度是均匀的，若按 $\cos\varphi$ 标记则分度是不均匀的。偏转角 α 的方向与负载性质即 φ 值的正负有关，通常将 $\varphi = 0$ 或 $\cos\varphi = 1$ 置于标尺中心，感性负载向一边偏转，容性负载向另一边偏转。

3. 电动系三相相位表测量回路

电动系三相相位表的结构与单相相位表基本相同，所不同的是可动线圈 B1 的支路没有串联电感，而是串联纯电阻 R_1，这种相位表只适应于三相三线制对称负载的相位或功率因数的测量。图 3-19 为三相相位表测量三角形负载回路接线及其相量图。

由图 3-19（b）可知

$$\varphi_1 = 30° + \varphi \tag{3-42}$$

$$\varphi_2 = 60° - 30° - \varphi = 30° - \varphi \tag{3-43}$$

式中：φ_1 为电流 $\dot{I}_A$、$\dot{I}_1(\dot{U}_{AB})$ 之间的夹角；φ_2 为电流 $\dot{I}_A$、$\dot{I}_2(\dot{U}_{AC})$ 之间的夹角。

将式（3-42）、式（3-43）按式（3-40）的平衡条件，代入含义相同的对应各项，得

$$\frac{\cos\alpha}{\cos(\gamma - \alpha)} = \frac{I_2\cos(30° - \varphi)}{I_1\cos(30° + \varphi)} \tag{3-44}$$

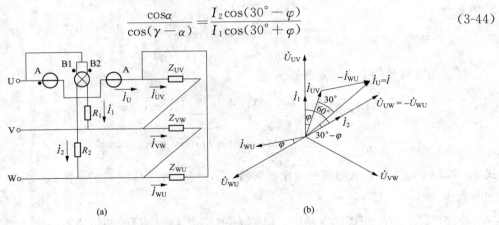

图 3-19 三相相位表测量三角形负载回路接线及相量图
(a) 接线图；(b) 相量图

若使 $I_1 = I_2$，则

$$\alpha = f(\varphi) \tag{3-45}$$

式（3-45）说明相位表的指针偏转角与各相负载的相位差角 φ 有函数关系，而对称负载各相 φ 角相等。

当对称负载为星形接线时，其接线图及相量图如图 3-20 所示。

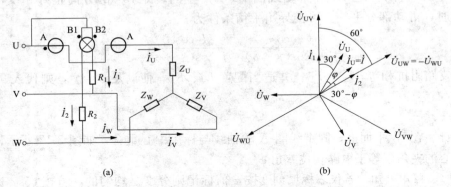

图 3-20 三相相位表测量星形负载回路接线及相量图
(a) 接线图；(b) 相量图

由图 3-20（b）可知

$$\varphi_1 = 30° + \varphi$$
$$\varphi_2 = 60° - 30° - \varphi = 30° - \varphi$$

式中：φ_1 为电流 $\dot{I}_A$、$\dot{I}_1$（$\dot{U}_{UV}$）之间的夹角；φ_2 为电流 $\dot{I}_A$、$\dot{I}_2$（$\dot{U}_{UW}$）之间的夹角。

由此可见，负载为星形接线时，流过相位表固定线圈 A 的电流与流过可动线圈 B1 及 B2 的电流的夹角的表达式是一致的，故负载为星形接线时相位表指针偏转角与各相负载的相位差角 φ 之间同样有式（3-45）的函数关系。

综上所述，相位表接线时也要遵守"电源端"守则。由于固定线圈与负载串联，所以其额定电流要大于负载电流；可动线圈的两个支路与负载并联，所以其额定电压要大于负载电压。在上面的推导中，通过适当调整使 $I_1 = I_2$、$\beta = \gamma$，因为电流 I_1 与电感 L_1 的感抗有关，所以相位表必须在规定的频率范围内使用，若频率变化使得感抗值变化就会造成上述条件被打破，从而使仪表读数出现较大误差。

第五节　仪表的准确级、选择及配置

一、测量仪表的准确级

仪表的准确级是指仪表指示值与被测量真值之间接近的程度。仪表准确级越高，测量误差就越小。因此在定义仪表的准确级之前有必要明确仪表的测量误差。

1. 误差的分类

仪表的误差分为以下两类。

（1）基本误差：仪表在规定的工作条件下，由于制造工艺的限制带来的仪表本身的固有误差。

（2）附加误差：仪表离开规定的工作条件所引起的测量误差。

2. 误差的表示方法

（1）绝对误差：测量值 A_x 与被测量 A_0（通常代以标准表测量值）之差称为绝对误差 Δ

$$\Delta = A_x - A_0 \tag{3-46}$$

由式（3-40）可知，绝对误差有与被测量相同的单位，绝对误差的结果有正负之分。用绝对误差表示仪表测量误差的优点是比较直观。

（2）相对误差：用百分数表示的绝对误差 Δ 与被测量真值 A_0 之比，用 γ 表示

$$\gamma = \frac{\Delta}{A_0} \times 100\% \tag{3-47}$$

由于测量值与真值相差不大，故式（3-47）中的 A_0 可以用 A_x 代替，即相对误差可表示为

$$\gamma = \frac{\Delta}{A_x} \times 100\% \tag{3-48}$$

（3）引用误差：引用误差是用仪表本身参数表示的一种相对误差。它是以仪表某一刻度点读数的绝对误差 Δ 为分子，以仪表量程上限 A_m 为分母，其比值称为引用误差，用 γ_n 表示

$$\gamma_n = \frac{\Delta}{A_m} \times 100\% \tag{3-49}$$

由于仪表量程内不同刻度点的绝对误差略有不同，其值存在大小变化，取可能出现的最大绝对误差 Δ_m 与量程上限 A_m 之比，则称为最大引用误差，用 γ_{max} 表示为

$$\gamma_{max} = \frac{\Delta_m}{A_m} \times 100\% \tag{3-50}$$

引用误差的特点是简化和实用。说它简化是因为无论读数多少，分母都取量程的上限，在读数接近上限时，它可以反映出测量结果的相对误差，但在读数较小时则可能与实际测量结果的相对误差有较大差别；说它实用是因为引用误差可以用来判定仪表的准确级别。

3. 仪表的准确级

由于仪表各刻度点读数的绝对误差存在一些小的差别，所以规定用最大引用误差表示仪表的准确级

$$K\% = \frac{|\Delta_{\mathrm{m}}|}{A_{\mathrm{m}}} \times 100\% \tag{3-51}$$

式中：K 为仪表准确级。

由式（3-51）可知，仪表的准确级就是仪表在规定使用条件下，以百分数表示的最大引用误差的绝对值。仪表的准确级越高，最大引用误差的绝对值越小，也就是基本误差越小，测量结果越精确。

二、仪表的选择

1. 仪表准确级的选择

仪表的准确级越高，测量结果也就越精确，但实际应用中也不是准确级越高越好，准确级高带来价格昂贵，维修复杂及受现场工作环境限制等制约因素。仪表准确级的选择需要通过技术经济比较，根据被测对象的要求而定，同时仪表的准确级还要与所接互感器的准确级相配合。

根据电压互感器和电流互感器在一定准确级下的测量误差要求，电气测量仪表在数量和测量电路上需满足如下要求：并入电压互感器二次侧的仪表的电压线圈，勿使电压互感器的总容量超过相应准确级下的额定容量；串入电流互感器二次回路的仪表的电流线圈，勿使电流互感器二次负载阻抗超过相应准确级下的允许阻抗值。

仪表的准确级原则上不高于所连接的互感器准确级，具体应符合下列要求。

（1）用于发电机和调相机上的交流仪表，不应低于 1.5 级；用于其他设备和馈线上的交流仪表，不应低于 2.5 级；直流仪表不应低于 1.5 级。

（2）与仪表连接的互感器的准确级，当仅用来测量电压或电流时，对 1.5 级和 2.5 级的仪表选用 1.0 级的互感器；2.5 级的电流表选用 3.0 级的电流互感器。

（3）与仪表相连的分流器、附加电阻的准确级，不应低于 0.5 级。

2. 仪表测量范围的选择

仪表测量结果的准确程度除与仪表的准确级有关，还与选用仪表的测量范围有关。如果仪表的测量范围比被测量数值大很多，将使测量误差增大，以至于不能给出规定误差之内的测量结果。

仪表的量程在与互感器相配合的条件下，应满足下列要求。

（1）正常运行时，被测电气量应显示在仪表量程的后 2/3 部分。在保证所需的准确度之外，在过负荷运行时仍有适当的指示余度。

（2）对于起动电流大且起动时间长的电动机，宜装设标识过负荷段标度的电流表。

（3）对于可能出现两个电流方向的直流回路，或可能出现两个方向功率的交流回路，应装设具有双向指示标度的电流表或功率表。

（4）测量工频频率的仪表，一般采用测量范围为 45～55Hz 的频率表，其基本误差不应大于 ±0.25Hz，在测量范围 49～51Hz 的频率时，其实际误差不应大于 ±0.15Hz。

（5）对于远离互感器的测量仪表，可选用二次电流规格为 1A 的互感器和仪表。

三、测量仪表的配置

在电力系统的发电厂和变电站中，电气测量仪表配置的一般原则是应符合 GB/T 50063—2017《电力装置电测量仪表装置设计技术规范》，以满足电力系统和电气设备的安全运行需要。

　　电气测量仪表的数量及安装地点的配置是根据运行、监控等方面的需要以及测量参数的性质所决定的，同时还与主系统接线型式及运行方式、一次设备容量及其在电力系统中的地位和自动化配置程度等因素有关。无论何种配置的电气测量仪表，都需满足的基本要求是：在正常运行时，能正确反映电气设备和电力系统的运行状态；在发生事故时，能使运行人员迅速判断发生事故的设备，并能分析出事故的性质和原因。

　　相关技术规程对电力系统的各种性质的运行参数的测量仪表，都有相应的配置原则规定，这里以电流表和电压表为例，介绍其基本配置原则如下：

　　（1）在下列设备或回路中，应装设交流电流表，发电机和同步调相机的定子回路，变压器回路，1kV 及以上的馈线和厂用电馈线回路；母联断路器、分段断路器、旁路断路器、和桥臂断路器回路，40kW 及以上的厂用电动机回路，并联补偿电容器组回路，根据生产运行要求，需要监视交流电流的其他回路。

　　（2）在下列回路中，应装设直流电流表：40kW 及以上的直流发电机和整流回路，蓄电池组回路，同步发电机、同步调相机和同步电动机的励磁回路以及自动调整励磁装置的输出回路，根据生产运行要求，需要监视直流电流的其他回路。

　　（3）在下列回路中，应装设电压表：可能分别工作的各段直流和交流母线，直流、交流发电机和同步调相机的定子回路，1000kW 及以上的同步电机的励磁回路，蓄电池组回路；根据生产运行要求，需要监视电压的其他回路。

　　（4）在中性点非直接接地的交流系统母线上，直流系统母线上，应装设绝缘监察电压表。

第六节　新型测控装置

　　随着电力系统规模的扩大及自动化运行水平的提高，对系统运行及设备监控方面也提出了新的要求，为此需采用新的方式方法，以适应大系统运行条件下的所产生的新的问题及系统自动化运行的需求。本节介绍两种目前在电力系统中得到广泛应用的综合测控装置。

一、远程终端装置（RTU）

　　远程测控终端装置（Remote Terminal Unit，RTU）用于监视、控制与数据采集的应用。具有遥测、遥信、遥调、遥控及遥视功能。RTU 是应用于电网监视和控制系统中安装在发电厂或变电站的一种远动装置，是调度自动化、变电站自动化、无人值守变电站、配电自动化和过程控制自动化系统中的关键设备。

　　RTU 的职能是采集所在发电厂或变电站表征电力系统运行状态的模拟量和状态量，监视并向调度中心传送这些模拟量和状态量，执行调度中心发往所在发电厂或变电站的控制和调节命令。

　　RTU 终端集成了现代电力系统所具有的"五遥"功能，即遥测、遥信、遥控、遥调、遥视。以某 RTU 产品为例，其遥测输入包括 4 路交流电压、4 路交流电流和 4 路直流电流共 12 路遥测信号，用于采集电压、电流信号的有效值并按规约传送到调度中心；遥信由 8 路带光电隔离的输入信号组成，用于采集无源节点并按规约传送到调度中心；遥控由 16 路继电器输出组成，用于执行调度中心改变设备运行状态的命令；遥调由 1 路输出 0～20mA 的控制信号来实现，用于执行调度中心调整设备运行参数的命令。

　　在满足工程实际对监控功能和性能要求的前提下，RTU 还具有良好的现场环境适应性、长期运行的可靠性和多台远动终端的级联扩展应用。与以往的远动终端相比，RTU 的远动终端具有丰富的模拟量、开关量采集与处理功能、灵活的遥控与遥调功能，很好地满足对现场运行设备进行远方实时监控的各项功能和性能的要求。

　　RTU 终端在硬件电路上结构形式简洁，采用工业级的元器件，高质量集成芯片，同时在设计上采用了多种有针对性的抗干扰措施，使其具有极高的可靠性。RTU 平均无故障时间为 10 万小时级，且其测量电压、电流的准确度为 0.2 级，且性能稳定，其精度随时间及温度的变化也很小。

　　1. RTU 的接口

　　(1) 电源：两路电源输入，供电电源为 DC24V/1A，支持宽电压输入（18～36V），两路电源冗余，可分别单路供电，两路电源无缝切换，输入输出之间有 1500VDC 的隔离电压。

　　(2) 通信接口：两路 RS485/RS232 通信接口，可分别响应主机召唤（任一时刻仅一个 RS485 接口响应主机通信）。两路通信接口都有防雷措施，输入输出之间有光电隔离器件进行隔离，以保证高质量的通信传输。终端初始默认串口通信波特率为 9600bps，8 位数据位，1 位停止位，无校验。如果需要使用其他波特率，可进入校验程序对终端进行设置，本终端还有以下波特率可供选择：110、300、600、1200、2400、4800、9600、14400bit/s。

　　(3) 遥信输入（DI 输入）：8 路遥信输入接口，每一路的遥信输入信号都有防雷措施和光电隔离器件（高达 5000V 的隔离电压）进行保护，保证系统的运行稳定。用于采集厂站设备运行状态等无源节点，并按规约传送给调度中心，包括：断路器和隔离开关的位置信号、继电保护和自动装置的位置信号、发电机和远动设备的运行状态等。

　　(4) 模拟量信号遥测（AI 输入）：8 路模拟量信号输入的遥测信号，用于采集 4～20mA/0～5V/0～10V 信号，每一路的直流电流遥测信号都有一个高精度、高隔离、低漂移、低功耗、温度范围宽的隔离变送器对输入输出进行隔离。由于本终端在采集电路设计了多级干扰抑制和浪涌保护电路，从而明显地降低了干扰的影响，设置的低通滤波功能有效地限制了输入信号的带宽，保证了测量的准确度，在中国电科院"电力工业电力设备及仪表质量检验测试中心"的检测确认直流电流遥测的准确度为 0.2 级。

　　(5) 遥控输出（DO 输出）：8 路（对）遥控输出，用于执行调度中心改变设备运行状态的命令，如操作厂站各电压回路的断路器、投切补偿电容和电抗器、发电机组的起停等。为了保证终端遥控的准确性和寿命，本终端的遥控输出均采用欧姆龙的继电器。每一路遥控输出节点在终端的后面板有两副端子，默认情况下，一副为动合，一副为动断，如果需要两副端子都是动合或动断的状态，可以通过更改终端里面的跳线来实现。另外，为了保证厂站某些重要回路的断开操作能够可靠执行，遥控输出的第 1 路（DO1）和第 2 路（DO2）各用两个继电器串接起来使用，大大提高了断开操作的可靠性。

　　2. RTU 主要功能

　　(1) 采集状态量并向远方发送，带有光电隔离，遥信变位优先传送。

　　(2) 采集数据量并向远方发送，带有光电隔离。

　　(3) 接采集系统工频电量，实现对电压、电流、有功、无功的测量并向远方发送，可计算正反向电度。

（4）采集脉冲电能量并向远方发送，带有光电隔离。

（5）接收并执行遥控及返校。

（6）程序自恢复。

（7）设备自诊断（故障诊断到插件级）。

（8）设备自调。

（9）通道监视。

（10）接收并执行遥调。

（11）接收并执行校时命令（包括 GPS 对时功能选配）。

（12）与两个及两个以上的主站通信。

（13）采集事件顺序记录并向远方发送。

（14）提供多个数字接口及多个模拟接口。

（15）可对每个接口特性进行远方/当地设置。

（16）提供若干种通信规约，每个接口可以根据远方/当地设置传输不同规约的数据。

（17）接受远方命令，选择发送各类信息。

（18）可转发多个子站远动信息。

（19）当地显示功能，当地接口有隔离器。

（20）支持与扩频、微波、卫星、载波等设备的通信。

（21）选配及多规约同时运行，如 DL 451—91 CDT 规约，同进应支持 POLLING 规约和其他国际标准规约（如 DNP3.0、SC1801、101 规约）。

（22）可通过电信网和电力系统通道进行远方设置。

二、同步相量测量装置（PMU）

同步相量测量装置（Phasor Measurement Unit，PMU），用于在高精度的时钟同步条件下，测量电力系统各个枢纽点的状态量，将带有时标的相量数据打包并通过高速通信网络传送到数据分析中心做实时监测、保护和控制之用。PMU 是电力系统实时动态监测系统的基础和核心，通过该装置可实现电力系统不同地理节点的同步相量的测量和输入以及动态记录。

以往的同步相量测量技术发展，限于通信速率、全网同步时钟精度等方面的制约，而随着 GPS 精确授时技术的应用，使 PMU 的应用成为可能。随着规模的不断扩大，电力系统的运行特性也发生着重大变化，传统的保护和控制方法，越来越难以满足日益庞大的系统的振荡抑制和动态安全防御的要求，PMU 也可以说是一种应运而生的新技术和新方法。PMU 的主要功能如下。

（1）实时监测：三相基波电压测量、三相基波电流测量；基波正序电压相量、基波正序电流相量；有功功率、无功功率；系统频率；开关量信号；发电机内电动势和发电机功角；发电机励磁电压、励磁电流。

（2）实时记录：装置可以连续不间断记录所有测量信号；测量数据可以存入两个独立的硬盘，互为备份；可就地保存连续 14 天以上的记录数据；监测并记录时钟的同步状态；就地显示、分析和输出实时记录数据。

（3）暂态录波。

（4）发电机内电动势测量：装置可以通过监测发电机大轴位置信号和机端电压相量来测

量发电机内电动势和发电机功角；装置可以根据发电机电气参数和机端电压相量、电流相量来计算发电机内电动势和功角。

（5）非交流信号测量。

（6）装置与主站的通信：实时监测数据的传输；按 CFG2 规约向主站传送实时监测数据；不同的主站可以有各自独立的 CFG2 配置；实时记录数据的传输；可以以离线的方式向主站传送实时记录数据；暂态录波数据的传输；装置可以以离线的方式向主站传送暂态录波文件。

（7）同步时钟和同步采样：接受 GPS 信号，产生高精度同步时钟信号和同步采样脉冲信号；具有精密守时电路，在失去 GPS 信号后仍能长时间维持高精度的同步采样；装置的同步时钟信号和 PPS 脉冲信号可级联；可接受来自其他装置的同步时钟信号和 PPS 脉冲信号。可向其他装置发送同步时钟信号和 PPS 脉冲信号。

（8）数据分析：实时测量数据；具有数据、曲线、矢量图等多种显示界面；实时记录数据的分析；暂态录波数据的分析；谐波分析；通道运算。

（9）事件记录：运行日志；异常日志；时间标示日志；故障录波日志。

三、广域测量系统

广域测量系统（Wide Area Measurement System，WAMS），是为应对电力系统规模不断扩大及电网间互联而带来的稳定问题而发展出来的一种应用多项先进技术的测量系统。PUM 测量技术、高速计算机及数据管理、高精度 GPS、高速广域通信、稳定成熟的应用算法等项技术的完备，使广域测量系统的发展和应用成为可能。

广域测量系统是由围绕一个广域网（电力系统）各节点的作为子站的 PUM 装置，通过高速广域通信网络与作为主站的服务器、保护管理单元、在线决策单元、低频振荡单元、参数计算单元及电力交易等单元相连接而构成的。广域测量系统能实现对电力系统动态过程的监测，其测量的数据能反映系统的动态行为特征。广域测量系统为电力系统提供了新的测量和监控手段，其突出的优点是：可以在时间-空间-幅值三维坐标下同时观察电力系统全局的机电动态过程全貌。

基于 PUM 测量技术的广域测量系统的应用，为防止电网大面积停电提供了全面的监视手段和应对策略，目前国内将其用作保护和安全控制装置之后的第三道防线。

思考与练习题

1. 试简述对各类电气参数进行测量或计量的作用和意义。

2. 你所了解的电气测量仪表有哪几种？

3. 何为功率或电能测量中的"电源端"守则？

4. 何为仪表的准确级？

5. 仪表的测量结果的准确程度与哪些因素有关？

6. 试画出用两元件三相有功功率表，电压、电流均经过互感器测量三相有功功率的接线图，电压互感器可选三相星形或两相星形（三相不完全星形）接线方式。

7. 试画出带有附加线圈的两元件三相无功电能表测量回路接线图及相量图。

第四章　断路器控制及信号回路

断路器是电力系统重要的设备之一。对各电压等级中的断路器的分（跳）、合闸操作，是系统中最重要的运行操作之一。因为断路器的分、合闸操作对电力系统的运行和电力用户都影响极大，误操作的危害也极大，所以对断路器的操作力求准确、快速、可靠、无误，为此需要在设备制造上和控制技术上的充分保障。

第一节　断路器控制的基本内容

一、断路器的控制方式

发电厂和变电站中的断路器控制方式，按其控制回路电源的高低分为强电控制和弱点控制。现代发电厂和变电站一般都采用直流电源作为操作电源，强电控制指断路器控制回路的电源电压为直流 110V 或 220V；弱电控制指控制回路电源电压为 48V 或 24V。

断路器的控制按控制对象的数量，分为一对一控制和一对 N 控制。一对一控制指控制设备（或回路）与控制对象（断路器）一一对应，即一套控制回路控制固定的一台断路器；一对 N 控制指通过选线系统选定要控制的断路器，实现一套控制回路对多台断路器的控制。

断路器的控制按控制的地点分为远方控制和就地控制。控制地点在离断路器安装处较远的控制室对断路器进行分、合闸操作，称为远方控制；在断路器本体旁，对断路器进行分、合闸操作，称为就地控制。就地控制方式多用于 35kV 及以下的断路器控制。

1. 强电控制方式

（1）强电一对一控制。强电一对一控制适用于比较重要的断路器，如发动机、变压器等回路的断路器。进出线较少的 500、220kV 有人值班的集中控制的变电站、单机容量 100MW 及以下，升压站为主控室控制方式的发电厂以及单机容量为 200MW 及以上的发电厂的 6～10kV 屋内配电装置，其断路器一般采用强电一对一控制方式。

强电一对一控制方式具有控制回路接线简单，运行维护方便及可靠性较高等特点，是发电厂、变电站较多采用的控制方式。

（2）强电一对 N 控制。强电一对 N 控制方式在实际工程上很少采用，这种控制方式已逐步被弱电一对 N 的方式所取代，亦即一对 N 的控制方式多见于弱电控制方式中。

2. 弱电控制方式

由于强电控制所采用的控制电压较高，对控制回路中的设备、元件及控制回路的绝缘要求也较高，其安装空间、占地面积都较大。当控制对象较多时，即变电站规模较大，进、出线回路数较多或发电厂机组数量较多时，其高压母线上进、出线回路数较多时，将使其控制屏（台）数量增多，不利于运行人员的正常监视、操作和事故情况下的紧急处理等，都是强电控制方式的缺点所在。

为配合电力系统调度自动化水平的提高，各级调度控制中心对电力系统主要设备的控制均采用远方微机监控技术及各厂（站）采用的先进数字通信技术，弱电控制技术已成为今后控制技术的发展方向。

弱电控制分为弱电有触点和无触点两种类型。弱电有触点是指控制设备由各种类型的电磁继电器组成，控制逻辑以及出口控制元件均由电磁继电器实现。而弱电无触点是指控制设备由各类型的电子元件，如晶体管、集成电路等组成，其逻辑回路由电力电子元件构成，而出口控制元件仍为有触点的继电器。在弱电控制方式中，无触点控制方式接线复杂，控制系统对其工作环境要求严格，因此大容量的发电厂和变电站一般很少采用。弱电有触点控制方式具有监视和操作方便，运行可靠性较高等优点，所以在单机容量 300MW 及以上的发电厂和 500kV 超高压变电站得到广泛应用。弱电有触点控制方式又分别弱电一对一控制和弱电一对 N 控制。

（1）弱电一对一控制。对重要的电气设备，如发电机、调相机、变压器、高压厂用工作变压器及起动/备用变压器等回路的断路器，由于其重要性较高，但操作机会较少，宜采用一对一控制。如果高压馈线或低压厂用电源数量不多，其断路器也可采用一对一控制。

（2）弱电一对 N 控制。一对 N 控制方式是通过选线系统将被控对象选定，再由公共的控制开关等控制元件实现对被选中的断路器的分、合闸操作。常用的选线方式有按钮选线控制、开关选线控制和编码选线控制等方式。当高压馈线和厂用电源馈线数量较多，接线和操作要求基本相同时，可采用一对 N 的选线控制方式。

二、断路器的操动机构

断路器的操动机构是用来使高压断路器分、合闸，并维持分、合闸状态的设备或机构，也可以说操动机构是断路器分、合闸的执行机构。操动机构一般是断路器本体附带，不同型号的断路器，根据传动方式和机械荷载的不同，可配用不同型式的操动机构。操动机构的动作是由断路器控制回路发出的指令来完成的。

1. 操动机构的分类

根据操作动力来源的不同，断路器操动机构有如下几种类型。

（1）手动操动机构：是指用人的手力直接进行断路器分、合闸操作的机构。主要适用于 10kV 及以下电压等级的断路器。

（2）电磁操动机构（CD）：是指靠电磁力进行分、合闸操作的机构。主要适用于 3～35kV 电压等级的断路器。合闸操作时，由于是利用电磁力直接合闸，合闸电磁线圈需要较大的直流合闸电流，可达几十至数百安培，所以合闸回路不能由控制开关直接接通，必须采用中间接触器（合闸接触器）转换操作。

国产直流电磁操动机构型号有 CD1～CA5、CD6-G、CD8、CD11、CD15 等。电磁操动机构的操作电压一般为 110V 或 220V。机构中有两个线圈，串联适用于 220V，并联适用于 110V。由于这种操动机构合闸电流很大，目前较少采用。

（3）弹簧操动机构：是指利用弹簧被压缩或拉伸的势能进行断路器分、合闸操作的操动机构。适用于 3kV 及以上电压等级的断路器，在 3～10kV 真空断路器中普遍采用，也适用于各类 SF_6 断路器。这种机构不需配备附加设备，弹簧储能耗用功率小，用 1.5kW 电动机即可完成储能。合闸电流小，故可直接用控制开关接通合闸回路，且分、合闸速度快。

（4）液压操动机构：是指以高压压缩气体（氮气）为动力，使绝缘的液压油（变压器油）推动液压缸内活塞做功，实现断路器分、合闸操作的结构。主要适用于电压等级为110kV及以上的断路器操作。合闸电流小，可由控制开关直接接通合闸回路操作合闸，而且由于压力高，传动快，动作准确，出力均匀，断路器的分、合闸速度稳定。

（5）气动操动机构：是指以压缩空气推动气缸内活塞做功，使断路器分、合闸的操动机构。此种机构功率大，速度快，但结构复杂，需配备空气压缩设备。气动操动机构的合闸电流也较小，可以用控制开关触点直接接通合闸回路。这种操动机构目前适用于500kV的QF_6断路器。

2. 操动机构的动作过程

以下以弹簧操动机构为例，说明操动机构的储能及分、合闸动作过程。

图4-1为弹簧操动机构的储能及分、合闸动作过程示意图。设断路器的初始位置为断路器正常运行位置，即其触头闭合且合闸弹簧和分闸弹簧都储满能量。此时分闸掣子将断路器保持于合闸位置，断路器处于预备分闸状态，接到分闸命令后即可完成分闸或完成一个自动重合闸操作循环，即分闸—0.3s—合闸、分闸操作。

如图4-1所示，断路器由初始位置到分闸，即图4-1中（a）到（b），分闸时分闸掣子因分闸命令使分闸线圈励磁而脱开，分闸弹簧释放能量带动断路器分闸，分闸后由合闸掣子使断路器保持在分闸位置，断路器处于分闸状态。断路器由分闸状态到合闸，即图4-1中（b）到（c），合闸时合闸掣子因合闸命令使合闸线圈励磁而脱开，断路器合闸，并由分闸掣子将断路器保持在合闸位置。合闸弹簧释放，完成断路器合闸的同时，会将分闸弹簧压缩储能以准备再次分闸操作。断路器由此合闸状态再次分闸，分闸弹簧被释放后，则必须由储能电机带动链条为合闸和分闸弹簧压缩储能，如图4-1中（d）所示，否则不能继续操作。

三、控制开关

控制开关是用于控制回路中的控制元件，又称万能开关，由运行人员直接操作，发出命令脉冲。在断路器控制回路中则为使断路器分、合闸，完成一次系统的停、送电操作，是发电厂和变电站普遍选用的控制设备。下面以常用的LW2型控制开关为例加以介绍。

1. LW2型控制开关的结构

图4-2为LW2型控制开关结构及触点示意图。控制开关主要由转动手柄、触点盒及连轴组成。每个触点盒都有四个定触点，分布在触点盒的四角，并对应与四个外部引线端子相连，每个定触点端子都有数字编号（图4-2中端子编号顺序为背面视图编号顺序）；每个触点盒都有一对动触点，动触点随连轴由手柄驱动旋转。动触点根据凸轮和簧片形状以及在转轴上安装的初始位置的不同，可组成14种触点盒型式，其代号为1、1a、2、4、5、6、6a、7、8、10、20、30、40、50等。转动控制开关手柄到不同操作位置，随手柄转动的连轴杆带动各触点盒的动触点也转动到相应位置，造成触点盒的静触点间的接通或断开的不同状况。应当讲，对于学习和使用者来说，了解控制开关的触点随手柄位置的接通和断开状态，比了解其动触点的结构型式更为重要。

具体应用的控制开关，可由不同型式的触点盒或多个同型式的触点盒组合在一起。各触点盒的外引端子间，随着手柄转动不同的行程（角度），将会出现不同的接通或断开的状况，

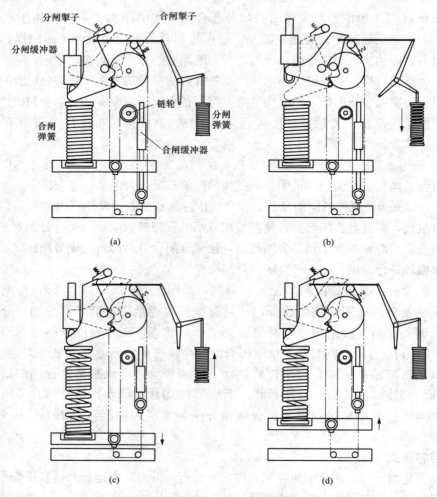

图 4-1　弹簧操动机构的储能及分、合闸动作示意图

（a）初始位置；（b）分闸；（c）合闸；（d）储能

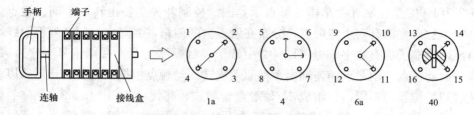

图 4-2　LW2 型控制开关结构及触点示意图

以用于控制回路中不同逻辑的需要。

　　由于控制开关的触点用于二次控制回路，对控制开关的耐压水平及触点的切断容量有规定要求，其与触点所在二次回路的特性，电压等级有关。LW2 型控制开关的额定电压为 250V，当电流不超过 0.1A 时，允许使用于 380V 回路，其触点切断电流容量如表 4-1

所示。

表 4-1 LW2 系列控制开关触点切断容量（A）

电流性质 负荷性质	交　流		直　流	
	220V	127V	220V	110V
电阻性	40	45	4	10
电感性	15	23	2	7

2. LW2 型控制开关的型式特点和用途

LW2 型控制开关的型式和用途见表 4-2。表 4-2 中，"自动复位"是指控制开关完成一次操作后，其手柄不能保持在所操作的位置，松手后自动返回到原来的手柄位置；"定位"是指控制开关完成一次操作后，其手柄在手松开后保持在操作后的位置不动；"可抽出手柄"是指控制开关的手柄可在其面板上自由拔插；"信号灯"是指控制开关手柄内附信号灯。

表 4-2 LW2 型控制开关的型式及用途

型　号	特　点	用　途	备　注
LW2-Z	带自动复位及定位	用于断路器及接触器的控制回路中	常用于灯光监视回路
LW2-YZ	带自动复位及定位，带信号灯	用于断路器及接触器的控制回路中	常用于音响监视回路
LW2-W	带自动复位	用于断路器及接触器的控制回路中	
LW2-Y	带定位及信号灯	用于直流系统中监视熔断器	
LW2-H	带定位及可抽出手柄	用于同步系统中相互闭锁	
LW2	带定位	用于一般切换电路中	

3. 控制开关的触点图表

表明控制开关在其手柄处于不同位置时触点盒的各触点的通断状态的图表称为触点图表。表 4-3 为 LW2-Z-1a、4、6a、40、20、20/F8 型控制开关触点图表，其他型号的控制开关图表与之类似，不在此一一给出。表 4-3 中，F8 表示面板与手柄的型式（F：方形面板，O：圆形面板，1～9 九个数字表明手柄型式）。

由表 4-3 可知，此种控制开关的手柄有六个操作位置，即"跳闸后""预备合闸""合闸""合闸后""预备跳闸""跳闸"位置。手柄的每一次操作都需按位置顺序进行，例如：若要将手柄从"合闸后"位置操作到"跳闸"位置，必须按合闸后至预备跳闸、预备跳闸至跳闸的顺序进行。

触点（端子）用数字编号，随手柄在不同位置，各触点盒的触点间的接通、断开的状态不同。表 4-3 中用"·"表示触点导通，用"—"表示触点断开。可参阅对应的控制开关触点图表，了解控制开关的触点随其手柄的不同位置在控制回路中的通断情况。由查阅表 4-3 触点图表而了解触点通断状况的方法较为麻烦，费时费力，故较少采用，通常会采取下面介绍的由控制开关的图形符号直接读取其触点通断状况的方法。

表 4-3　　　　　　　　LW2-Z-1a、4、6a、40、20、20/F8 型控制开关触点图表

手柄和触点盒	F8	1a		4		6a			40			20			20		
触点号　　位置	—	1–3	2–4	5–8	6–7	9–10	9–12	11–10	14–13	14–15	16–13	19–17	17–18	18–20	21–23	21–22	22–24
跳闸后(TD)	▭	–	●	–	–	–	–	–	–	–	–	–	–	●	–	–	●
预备合闸(PC)	▯	●	–	–	–	–	●	–	–	–	●	●	–	–	–	●	–
合闸(C)	◢	–	–	●	–	●	–	–	–	–	–	–	–	–	–	–	–
合闸后(CD)	▯	●	–	–	●	–	–	–	●	–	–	–	●	–	●	–	–
预备跳闸(PT)	▭	–	●	–	–	–	–	●	–	●	–	–	–	–	●	●	–
跳闸(T)	◢	–	–	●	–	–	–	–	–	●	–	●	–	–	–	–	●

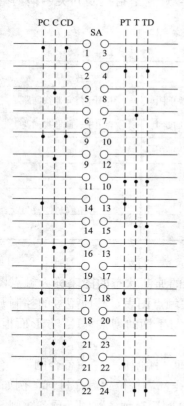

图 4-3　LW2-Z-1a、4、6a、40、20、20/F8 型控制开关的图形符号

4. 控制开关的文字及图形符号

控制开关的文字符号为 SA，不同的控制开关用序号加以区别，如：SA1、SA2 等。控制开关在图纸中的表示方法，即为控制开关的图形符号。控制开关的图形符号可以表示出控制开关在控制图中的连接关系和其各触点随不同手柄位置时的通断情况。图 4-3 为 LW2-Z-1a、4、6a、40、20、20/F8 型控制开关的图形符号。

图 4-3 中，每一排的空心小圆圈表示控制开关的一对触点，其旁数字表示触点编号，也是接线端子的编号。小圆圈左右各三根，共六根垂直的虚线，表示此控制开关的六个手柄位置，这些位置用字母加以标注，从左至右分别为：PC 表示预备合闸位置、C 表示合闸位置、CD 表示合闸后位置、PT 表示预备跳闸位置、T 表示跳闸位置、TD 表示跳闸后位置。当代表手柄位置的垂直虚线上标有实心点时，表示本排的一对触点在对应的手柄位置为接通，否则为断开。

四、对断路器控制回路的基本要求

断路器控制回路，按其采用的不同型式的操动机构，交流或直流操作电源，以及灯光或音响等不同的监视方式，分、合闸为三相操作或单相操作等不同情况，有多种特征不同的控制方式。针对上述各种情况，断路器控制回路应满足下列要求：

（1）既能完成断路器的远方或就地手动分、合闸操作，又能由继电保护和自动装置自动跳闸与合闸。

（2）断路器操动机构中的合闸、分闸线圈是按短时通电设计的，即为脉冲触发的工作方式，所以在分、合闸操作完成后，控制回路应自动切断分、合闸回路，防止分、合闸线圈长

时间通电。

（3）分、合闸脉冲一般作用于分、合闸线圈，对于电磁操动机构，由于合闸线圈的电流很大，须通过合闸接触器接通合闸线圈。

（4）能监视控制回路和分、合闸回路的完好性，有防止控制回路短路及过负载的保护措施。监视的方式有两种形式，一种为灯光监视，一种为音响监视。

（5）有能显示断路器分、合闸位置状态的信号，并能区分手动操作与自动操作的不同。

（6）无论断路器是否带有机械闭锁措施，都应具有防止断路器多次跳、合闸的电气"防跳跃"闭锁措施。

（7）对于采用弹簧、液压、气压操动机构的断路器，应有压力是否正常、弹簧是否拉紧的监视和操作闭锁回路。

（8）对于分相操作的断路器，应有监视三相位置是否一致的措施。

（9）为防止隔离开关误操作，与其对应的断路器应设置隔离开关误操作电气闭锁回路。

（10）断路器控制回路应简单可靠，使用控制电缆芯数应尽量少。

第二节　断路器控制的基本回路

一、断路器的基本合、跳闸回路

以电磁操动机构的断路器为例，断路器基本跳、合闸回路如图 4-4 所示。

图 4-4 中，"＋"、"－"分别为引自直流屏的正、负控制电源小母线，"＋"、"－"分别表示直流控制小母线正、负极名称的文字符号（以区别于其他性质或用途的小母线）；SA 为控制开关（LW2-Z-1a、4、6a、40、20、20/F8型）；FU 为熔断器，作为防止控制回路过载或短路的保护器件。

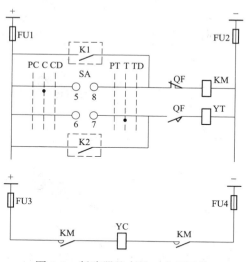

手动操作合闸时，将控制开关 SA 手柄置于"合闸"位置，使其 5-8 触点接通，再经断路器辅助动断触点 QF 使合闸接触器的线圈 KM 通电励磁，合闸接触器 KM 由其线圈励磁而动作，其动合触点闭合，从而接通合闸线圈 YC，断路器合闸。断路器合闸后，其辅助动断触点 QF 即随断路器主触点的闭合而断开，切断合闸回路，

图 4-4　断路器基本跳、合闸回路

使合闸接触器线圈 KM 失磁，进而使合闸线圈 YC 失磁，满足了合闸线圈短时通电，合闸完成后即切断合闸回路的要求。

手动操作跳闸时，将控制开关 SA 手柄置于"跳闸"位置，使其 6-7 触点接通，再经断路器动合辅助触点 QF 使跳闸线圈 YT 通电励磁，断路器跳闸。断路器跳闸后，其辅助动合触点 QF 即随断路器主触点的断开而断开，切断跳闸回路，使跳闸线圈 YT 失磁，满足了跳闸线圈短时通电，跳闸完成后即切断跳闸回路的要求。

自动合、跳闸操作，则由自动装置触点 K1 短接控制开关合闸触点（5-8）或由继电保护出口继电器触点 K2 短接控制开关跳闸触点（6-7）来实现自动合闸或跳闸操作。

断路器辅助触点 QF 具有一定的切断电弧的能力，故在断路器合、跳闸控制回路中分别串入断路器辅助动断触点及动合触点，用以自动解除合闸或跳闸命令脉冲。由于合闸接触器和跳闸线圈都是感性负载，若由控制开关 SA 的触点切断合、跳闸操作电流，则所产生的电弧容易烧毁其触点。

需要指出的是，无论将控制开关 SA 的手柄置于"合闸"位置（使其 5-8 接通），还是置于"跳闸"位置（使其 6-7 触点接通），此二位置都不是"定位"位置，即将控制开关手柄操作到上述两个位置完成合闸或跳闸后松手，手柄会自动分别复位到"合闸后"（5-8 触点断开）和"跳闸后"（6-7 触点断开）位置，亦即在由断路器辅助触点切断合闸回路或跳闸回路后，随着控制开关手柄的自动复位，合闸回路或跳闸回路也被控制开关的触点从源头切断。

二、断路器的位置信号回路

运行人员须随时掌握断路器的位置状态，即断路器是处于合闸位置还是处于分闸位置。断路器的位置状态通常用信号灯显示，其形式又分为单灯制和双灯制两种。运行值班人员可以通过断路器位置信号灯的变化，初步判断断路器的工作状态。

1. 断路器正常运行时的灯光显示

断路器正常运行是指由运行人员正常操作而使断路器处于合闸运行及分闸退出运行的两个状态。以下按双灯制和单灯制两种断路器位置信号回路加以分析。

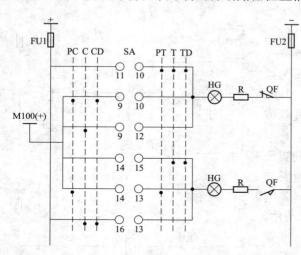

图 4-5　双灯制断路器位置信号回路

（1）双灯制断路器位置信号回路：

采用双灯制断路器位置信号回路接线如图 4-5 所示。图中，HR、HG 分别为红色、绿色信号灯；SA 为控制开关，其型号为 LW2-Z-1a、4、6a、40、20、20/F8；M100（＋）为闪光电源小母线，闪光小母线引自直流屏闪光母线，其特征为母线上的电压为时断时续状态，接于此母线和直流电源负极的信号灯将呈现明暗变换的闪光状态。

当运行人员正常操作断路器合闸投入运行后，断路器本体处于合闸位置，控制开关手柄处于"合闸后"位置。此时经控制开关 16-13 触点和断路器辅助动合触点 QF 接通红色信号灯回路，HR 发平光，指示断路器处于合闸位置。

当运行人员正常操作断路器跳闸退出运行后，断路器本体处于分闸位置，控制开关手柄处于"跳闸后"位置，此时经控制开关 11-10 触点和断路器辅助动断触点 QF 接通绿色信号灯回路，HG 发平光，指示断路器处于分闸位置。

（2）单灯制断路器位置信号回路：

图 4-6 为单灯制断路器位置信号回路。图中"＋700"和"－700"分别为正、负信号电源小母线。单灯制接线的特点是信号灯装于控制开关手柄内，通过一只信号灯的显示状态，

配合控制开关的手柄位置来判断断路器的分、合闸位置。图中控制开关 SA 的型号为 LW2-YZ-1a、4、6a、40、20、20/F1；KCC 和 KCT 分别为断路器合闸位置和跳闸位置继电器的触点（其线圈不在本信号回路中。断路器本体合闸时，触点 KCC 闭合、KCT 断开；断路器本体分闸时，触点 KCT 闭合、KCC 断开）。

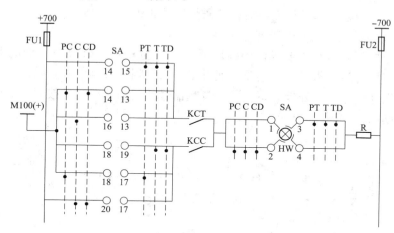

图 4-6 单灯制断路器位置信号回路

当运行人员正常操作断路器合闸投入运行后，断路器本体处于合闸位置，控制开关手柄处于"合闸后"位置。此时经控制开关 2-4、20-17 触点和 KCC 触点接通信号灯回路，白色信号灯 HW 发平光，指示断路器处于合闸位置。

当运行人员正常操作断路器跳闸退出运行后，断路器本体处于分闸位置，控制开关手柄处于"跳闸后"位置。此时经控制开关 1-3、14-15 触点和 KCT 触点接通信号灯回路，HW 发平光，指示断路器处于跳闸位置。

2. 自动合、跳闸的灯光显示

当不是人为操作，而是由自动装置动作使断路器合闸或继电保护动作使断路器跳闸时，为引起运行人员的注意，普遍采用信号灯闪光的方式。对应上述运行状态，通常采用"不对应"原理设计相应信号回路，使指示信号灯接通闪光电源。所谓"不对应"是指断路器的实际位置状态与其控制开关手柄位置的不一致。如断路器在合闸位置，其控制开关手柄在"合闸后"位置，则二者的位置为对应，若此时因发生事故，断路器由继电保护动作而跳闸，即断路器本体处于"跳闸后"状态，那么控制开关手柄仍然在"合闸后"位置，则二者的位置为不对应。

当采用图 4-5 所示的双灯制位置信号回路时，在断路器合闸运行而由于继电保护动作而跳闸的情况下，因为控制开关仍为"合闸后"位置，绿色信号灯 HG 经断路器动断辅助触点和控制开关 9-10 触点接至闪光小母线 M100（＋）上，绿灯由不发光转至发出闪光，提示运行人员断路器已跳闸。当运行人员将控制开关手柄转换至"跳闸后"位置时，手柄位置和断路器实际位置恢复对应，绿灯发平光。同样的，可以分析断路器在分闸位置、控制开关手柄在"跳闸后"位置时，由自动装置动作使断路器合闸的情况下，红灯 HR 将发出闪光，提示运行人员断路器已合闸。

类似的，在采用图 4-6 单灯制断路器位置信号回路时，可以分析断路器实际位置与其控制开关手柄位置不对应时信号灯发出闪光的情况。如前所述，这种不对应是由自动装置动作合闸或继电保护动作跳闸造成的。

　　应当指出，在手动操作断路器合闸或跳闸的过程中，控制开关手柄处于"预备合闸"或"预备跳闸"时，红灯或绿灯也会发出闪光，这时的闪光是为了提示运行人员操作目的和确认操作步骤是否无误。操作过程完成后，信号灯即停止闪光。

　　3. 断路器事故跳闸的音响信号起动回路

　　根据断路器控制回路基本要求，当断路器由于发生短路等事故而由继电保护动作跳闸时，除了相应信号灯闪烁指示外，还要求能发出事故跳闸的音响信号，以提示运行值班人员有事故跳闸发生并做好事故处理。事故跳闸音响信号的起动回路也是按"不对应"原理设计的，常见的起动回路如图 4-7 所示。

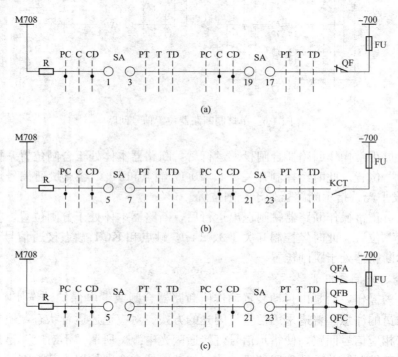

图 4-7　断路器事故跳闸音响信号起动回路

（a）利用断路器辅助触点起动；（b）利用跳闸位置继电器起动；（c）利用断路器三相辅助触点并联起动

　　图 4-7 中，M708 为事故音响小母线，－700 为直流信号电源负极小母线，断路器事故音响启动回路就连接于这两个小母线之间。只要在一定条件下，事故音响起动回路变为导通状态，即此二小母线间为导通时，就可发出事故音响信号。

　　图 4-7（a）为利用控制开关 SA 的 1-3 和 19-17 触点及断路器辅助动断触点构成的事故音响起动回路，图中 SA 型号为 LW2-Z-1a、4、6a、40、20、20/F8 型。当断路器投入运行，其控制开关手柄在"合闸后"位置，但因事故发生，继电保护动作跳闸而使断路器本体处于分闸位置时，断路器实际位置与其控制开关手柄位置出现了不对应，则事故音响信号回路起动。由其事故音响信号起动回路可知，只有控制开关手柄在"合闸后"位置时，其 1-3 和 19-17 触点均为导通，此时如发生断路器因继电保护动作跳闸，则因其动断辅助触点 QF

闭合，使 M708 小母线连接至信号母线负极－700 的回路导通，M708 带负电，事故音响信号起动。

图 4-7（b）为利用控制开关 SA 的 5-7 和 21-23 触点及断路器跳闸位置继电器触点 KCT 构成的事故音响起动回路，图中 SA 型号为 LW2-YZ-1a、4、6a、40、20、20/F1 型。当断路器投入运行，其控制开关手柄在"合闸后"位置，但因事故发生，继电保护动作跳闸而使断路器本体处于分闸位置时，断路器位置与其控制开关手柄位置出现了不对应，则事故音响信号回路起动。由其事故音响信号起动回路可知，只有控制开关手柄在"合闸后"位置时，其 5-7 和 21-23 触点均为导通，此时如发生断路器因继电保护动作跳闸，则因其断路器跳闸位置继电器触点 KCT 闭合，使 M708 小母线连接至信号母线负极－700 的回路导通，M708 带负电，事故音响信号起动。

图 4-7（c）为分相操作的断路器控制回路中的事故音响信号起动回路，图中 SA 型号为 LW2-YZ-1a、4、6a、40、20、20/F1 型。利用控制开关 SA 的 5-7 和 21-23 触点及并联的断路器分相辅助动断触点 QFA、QFB、QFC 构成事故音响起动回路（QFA、QFB、QFC 也可由对应的断路器跳闸位置继电器触点 KCTA、KCTB、KCTC 代替）。当控制开关手柄处于"合闸后"位置时，其触点 SA 的 5-7 和 21-23 为导通，此时只要任意一相断路器跳闸，均可起动事故音响信号回路，发出事故跳闸音响信号。

图 4-7 中的事故音响信号起动回路，均采用两对控制开关触点串联的方式，这是为了防止手动合闸操作过程中，控制开关手柄经过"预备合闸"及"合闸"位置时短时造成的断路器位置和其控制开关手柄位置的不对应而错误发出事故音响信号，其目的是只有控制开关手柄在"合闸后"位置时，才具备起动事故音响信号的条件。

4. 断路器的"防跳跃"闭锁回路

所谓断路器的"跳跃"是指断路器在较短时间内，反复出现合闸—跳闸、再合闸—再跳闸的现象。由断路器基本跳、合闸控制回路（图 4-4）可知，断路器发生"跳跃"的原因是断路器合闸运行时，系统发生永久性故障，由继电保护动作跳闸后，由于某种原因使控制开关合闸触点（5-8）或自动装置的合闸触点（K1）未复归或粘连卡死时，则合闸命令一直保持，使跳闸后的断路器又执行合闸，进而又由继电保护跳闸，如此反复使断路器发生"跳跃"现象。断路器的"跳跃"使断路器多次受到短路电流的冲击，造成灭弧性能和机械寿命的降低，乃至使设备损坏报废，同时也危及电力系统的稳定运行。因此，虽然使断路器产生"跳跃"的机会很小，但造成的危害却十分严重，所以必须在断路器控制回路中设置"防跳跃"的措施。

"防跳"措施分为机械防跳和电气防跳两种：机械防跳是指断路器操动机构本身具有防跳功能，通过跳闸回路中的断路器动合辅助触点及合闸回路中的断路器动断辅助触点来实现防跳的措施，如用于 6～10kV 金属开关柜中的断路器电磁操动机构 CD2 就具有防跳措施。但断路器经过多次分、合闸后，其辅助触点的位置可能发生变化，所以机械防跳措施不是十分可靠。电气防跳措施是在断路器控制回路中装设电气元件，构成电气跳跃闭锁回路来实现防跳的目的。目前，高压断路器不论其操动机构是否带有机械闭锁的防跳措施，普遍采用电气防跳。实际应用中，常见利用防跳继电器或断路器跳闸线圈辅助触点构成闭锁回路的两种方法。

（1）由防跳继电器构成的断路器防跳回路：

　　图 4-8 为采用防跳继电器构成的电气防跳回路。图 4-8 中 KCF 为防跳继电器，它有两个线圈：一个是电流起动线圈，串联于跳闸回路中；另一个是电压自保持线圈，与合闸接触器线圈 KM 并联。防跳回路利用了防跳继电器 KCF 的两个动合触点、一个动断触点共三个触点，其中一个动合触点与其电压线圈串联后并联于合闸接触器线圈 KM 回路；另一个动合触点串联电阻 R 后与继电保护出口触点 K2 回路并联；一个动断触点串联于合闸回路。

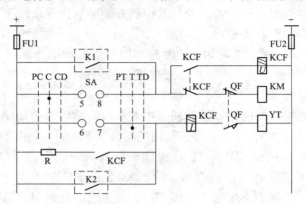

图 4-8　由防跳继电器构成的电气防跳回路

　　当控制开关 SA 手柄转至"合闸"位置，由其 5-8 触点接通合闸，或自动装置动作（K1 闭合）合闸时，如果系统存在短路故障，则合闸在短路故障上的断路器将由继电保护动作（K2 闭合）而跳闸。跳闸电流脉冲流过防跳继电器 KCF 的电流线圈，使其起动（其动合触点闭合、动断触点断开），并保持到断路器完成跳闸（由断路器的动合辅助触点的断开而切断跳闸回路）。与防跳继电器电压线圈串联的其动合触点，由于其电流线圈的起动而闭合，如此时 SA 的 5-8 触点或自动装置的 K1 触点未返回或卡死，则防跳继电器电压线圈通电励磁，接替其电流线圈的失磁而保持其动合触点接通、动断触点断开的状态，那么由装于合闸回路的防跳继电器动断触点断开而切断合闸回路，使断路器不能再次合闸。只有在合闸脉冲解除，防跳继电器 KCF 的电压线圈失磁后，整个电路才恢复正常。

　　图 4-8 中防跳继电器的另一个动合触点与电阻 R 串联后，与继电保护出口继电器触点（K2）并联的回路，其作用是保护出口继电器的触点不被烧损。保护出口继电器触点 K2 闭合使断路器跳闸后，可能先于断路器动合辅助触点 QF 的断开而返回断开，这样就会由触点 K2 切断跳闸回路电流而烧坏触点 K2。因并联支路的分流作用，即使保护出口继电器触点 K2 动作后先于断路器辅助动合触点 QF 断开而返回，也不至于烧坏其触点，最终由断路器辅助动合触点 QF 断开切断跳闸回路。电阻 R 的作用是：当保护出口继电器触点回路串联信号继电器线圈时，随着保护动作（K2 闭合），信号继电器线圈也被励磁，但由于防跳继电器的电流起动线圈随 K2 的闭合也同时励磁起动，其动合触点 KCF 可能先于信号继电器触点闭合而将信号继电器线圈短接而使其返回，如此使信号继电器不能发出保护动作信号，也不能记录保护动作状态。因此在防跳继电器动合触点并联回路串联电阻 R，由于 R 的分压作用，即使防跳继电器动合触点先于信号继电器触点闭合，信号继电器线圈也能励磁，使其触点闭合发出保护动作信号。当保护出口继电器触点没有串接信号继电器线圈时，可以取消电阻 R。

　　综上所述，防跳继电器的作用有二：防止断路器发生"跳跃"；保护出口继电器触点。

目前，电压等级在 35kV 及以上的断路器，其控制回路普遍采用由防跳继电器构成的电气防跳回路，虽然其接线比较复杂，但因其工作可靠，能够满足断路器控制回路的要求。

（2）由操动机构跳闸线圈辅助触点构成的电气防跳回路：

由操动机构跳闸线圈辅助触点构成的电气防跳回路如图 4-9 所示。当控制开关手柄转至"合闸"位置，SA 的 5-8 触点接通是断路器合闸时，如果合闸在短路故障上，继电保护将动作（K2 闭合）使断路器跳闸，跳闸过程中，跳闸线圈带电，使其动合触点闭合、动断触点断开，如果此时 SA 的 5-8 触点卡住或自动重合闸触点 K1 未返回，将由跳闸线圈动断触点断开而切断合闸脉冲，使断路器不能再次合闸，同时由跳闸线圈动合触点闭合将合闸脉冲引至跳闸回路，使跳闸线圈保持带电，进而使其动断触点保持断开状态，直到 SA 的 5-8 触点或自动重合闸触点 K1 返回而解除电气防跳闭锁。

由防跳回路接线可知，若跳闸线圈动合触点接触不良而断开，将会失去电气防跳作用。另外，由于利用跳闸线圈动断触点断开而隔绝合闸脉冲，会使跳闸线圈长期带电而被烧坏，这也是由跳闸线圈辅助触点构成的电气防跳回路存在的缺陷。

断路器合闸时，其动断辅助触点 QF 有时会过早断开，不能保证完成合闸所需的时间，因此常采用一带滑动结构的触点与其并联，以保证断路器可靠合闸。

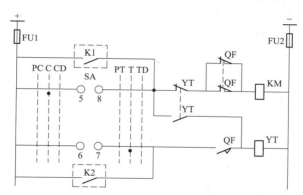

图 4-9　由操动机构跳闸线圈辅助触点构成的电气防跳回路

第三节　断路器的控制与信号回路

断路器控制与信号回路的接线，与断路器在电力系统中的地位与作用、所采用的操动机构型式及监控方式、三相操作还是分相操作等方面有关。本节选择具有代表性的灯光、音响监视及三相与分相操作的断路器控制与信号回路加以介绍。

一、灯光监视的断路器控制与信号回路

图 4-10 为采用灯光监视的电磁操动机构的断路器控制与信号回路。图 4-10 中，＋、－为控制及合闸电源正、负极小母线，M100（＋）为闪光电源小母线，M708 为事故音响小母线，－700 为信号电源小母线负极小母线。控制开关 SA 的型号为 LW2-Z-1a、4、6a、40、20、20/F8，HR、HG 为红色、绿色信号灯，KCF 为防跳继电器，R1～R4 为附加电阻，FU1～FU4 为熔断器。电磁操动机构（断路器本体处）中的主要设备有：合闸接触器 KM，合闸线圈 YC，跳闸线圈 YT。以下按相应步骤分析断路器控制与信号回路的操作过程。

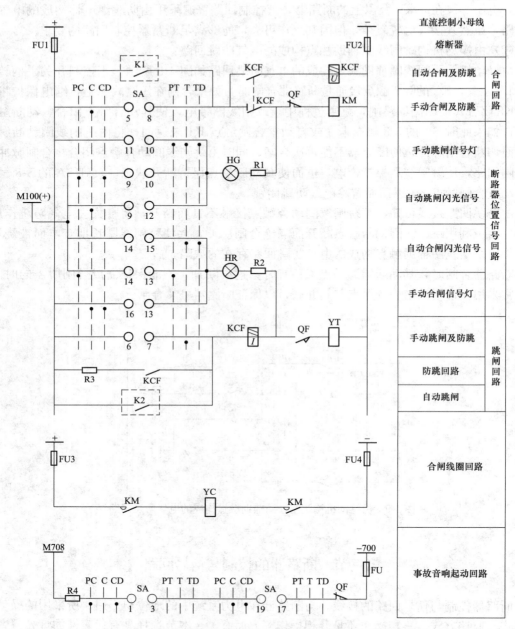

图 4-10 灯光监视、电磁操动机构的断路器控制与信号回路

1. 断路器手动合闸过程

设断路器的初始位置在分闸位置，断路器控制开关手柄处于"跳闸后"位置。此时，正电源经 SA 的 11-10 触点、绿灯 HG、电阻 R1、断路器辅助动断触点 QF、合闸接触器线圈 KM 至负电源，绿灯发平光（指示断路器处于正常分闸位置，未投入运行）。需要注意的是，此时有电流流过合闸接触器线圈 KM，但由于电阻 R1 的作用，电流值不足以使之动作，可见将绿灯串入合闸回路，不但可以指示断路器的分闸位置，同时说明合闸回路完好，可以进

行合闸操作。

　　将控制开关 SA 手柄顺时针旋转 90°，由"跳闸后"位置转至"预备合闸"位置。此时绿灯 HG 经 SA 的 9-10 触点接至闪光小母线 M100（＋）上，HG 闪光。绿灯闪光的作用是提示运行人员核对操作对象，核对无误后再进行下一步的合闸操作。可见"预备合闸"是由"跳闸后"到"合闸"之间所要经过的一个中间步骤，其目的就是确认所要操作的对象是否无误。

　　将 SA 手柄顺时针旋转 45°，由"预备合闸"位置转至"合闸"位置并保持 1～2s。此时 SA 的 5-8 触点接通，合闸接触器线圈 KM 通电起动（不经 R1），其动合触点闭合接通合闸线圈回路，合闸线圈 YC 带电使操动机构执行断路器合闸操作。

　　合闸完成后，一方面因断路器动断辅助触点翻转而断开合闸回路，绿灯 HG 熄灭，另一方面由于控制开关 SA 的"合闸"位置不是自保持位置，合闸完成后释放控制开关 SA 手柄，SA 手柄自动弹回至"合闸后"位置，其 5-8 触点亦随之断开合闸回路。此时，正电源经 SA 的 16-13 触点、红灯 HR、电阻 R2、断路器辅助动合触点 QF、跳闸线圈 YT 接至负电源，红灯发平光（指示断路器正常合闸运行位置）。同理，红灯串入跳闸回路，在指示断路器合闸运行的同时，说明跳闸回路完好，可以进行跳闸操作。由于电阻 R2 的阻流作用，此时流过跳闸线圈 YT 的电流不足以使其动作。

　　2. 断路器手动跳闸过程

　　设断路器的初始位置在合闸位置，断路器控制开关手柄处于"合闸后"位置。将控制开关 SA 手柄逆时针旋转 90°，由"合闸后"位置转至"预备跳闸"位置。此时，红灯 HR 经 SA 的 14-13 触点接至闪光电源小母线 M100（＋）上，HR 闪光，提示确认操作对象，确认无误后再进行下一步跳闸操作。可见"预备跳闸"也是"合闸后"到"跳闸"之间的中间步骤，其目的是提供给运行人员确认操作无误过程。断路器的手动合闸、跳闸操作都必须按照控制开关的六个位置顺序进行操作，否则将可能对控制开关触点机构及操动机构中的电气元件造成损坏，也无法提供确认操作的步骤。

　　将控制开关 SA 手柄逆时针旋转 45°，由"预备跳闸"位置转至"跳闸位置"并保持 1～2s。此时 SA 的 6-7 触点接通，跳闸线圈 YT 通电起动（不经 R2），操动机构执行断路器跳闸操作。

　　跳闸完成后，一方面因断路器动合辅助触点翻转而断开跳闸回路，红灯 HR 熄灭，另一方面由于控制开关 SA 的"跳闸"位置不是自保持位置，跳闸完成后释放控制开关 SA 手柄，SA 手柄自动弹回至"跳闸后"位置，其 6-7 触点亦随之断开合闸回路。由此返回到手动合闸操作前的断路器初始位置。

　　3. 断路器自动跳闸过程

　　设断路器的状态为合闸运行，控制开关 SA 手柄在"合闸后"位置。若此时因发生故障使继电保护装置动作，其保护出口继电器触点 K2 闭合，跳闸线圈 YT 经 K2 接通控制电源而通电起动，操动机构使断路器跳闸。跳闸后，一方面因断路器动合辅助触点 QF 翻转断开跳闸回路，使跳闸线圈 YT 断电，红灯 HR 熄灭，另一方面因断路器动断辅助触点 QF 闭合，绿灯 HG 经 SA 的 9-10 触点接至闪光小母线 M100（＋）上，绿灯 HG 发出闪光，提示继电保护动作跳闸。同时，事故音响小母线 M708 经电阻 R4、SA 的 1-3、19-17 触点、断路器动断辅助触点 QF 接至信号电源负极小母线－700，起动事故音响回路。如前所述，事故音响的起动是按照断路器实际位置和其控制开关手柄位置之间的"不对应"原理进行的，继电保护跳闸后，正是造成了这种断路器已处于分闸位置，而其控制开关手柄仍处于"合闸后"位置的两者之间的"不对应"状态。

将控制开关 SA 手柄按顺序由"合闸后"位置转至"跳闸后"位置。事故音响起动回路因 SA 的 1-3、19-17 触点断开而解除，同时绿灯 HG 经 SA 的 11-10 触点接至控制电源正极小母线＋700，绿灯 HG 发平光，恢复对应状态。

4. 断路器自动合闸过程

设断路器处于分闸位置，其控制开关手柄在"跳闸后"位置，绿灯发平光，指示断路器正常分闸状态。若此时自动装置动作，其触点 K1 闭合，短接 SA 的 5-8 触点使合闸接触器线圈 KM 通电动作，断路器合闸。合闸后，闪光小母线 M100（＋）经由 SA 的 14-15 触点、红灯 HR、电阻 R2、断路器辅助动合触点 QF、跳闸线圈 YT 接至控制电源负极小母线－700，红灯 HR 发出闪光，指示断路器由自动装置动作合闸。也需按顺序将控制开关手柄由"跳闸后"转至"合闸后"，红灯发平光，恢复对应状态。

设断路器处于继电保护跳闸后状态，其控制开关手柄仍处于"合闸后"位置。此状态下绿灯闪光，同时事故音响起动回路启动，事故音响鸣响，指示断路器已由继电保护动作跳闸。此时若自动装置动作合闸（重合闸），其触点 K1 闭合，合闸接触器线圈 KM 经 K1 接通控制电源而通电起动，进而起动合闸线圈 YC，断路器由操动机构合闸。合闸后，断路器动断触点断开，绿灯 HG 熄灭，同时断路器动合触点闭合，红灯 HR 经 SA 的 16-13 触点接通控制电源，红灯 HR 发平光，指示断路器合闸运行。

二、音响监视的断路器控制与信号回路

音响监视是指用警铃音响信号对断路器的合、跳闸回路以及控制电源回路的完好性进行监视，保证断路器的合、跳闸操作过程的准确无误。

图 4-11 为采用音响监视电磁操动机构的断路器控制与信号回路。图 4-11 中，KCC、KCT 为合、跳闸位置继电器，KS 为信号继电器，KCF 为防跳继电器。控制开关 SA 型号为 LW2-YZ-1a、4、6a、40、20、20/F1 型，H 为光字牌，HW 为白色信号灯。电磁操动机构中的主要设备有：合闸接触器 KM，合闸线圈 YC，跳闸线圈 YT。以下按相应步骤分析断路器控制与信号回路的操作过程。

1. 断路器手动合闸过程

设断路器初始位置为分闸位置，其控制开关手柄在"跳闸后"位置。此时，控制开关 SA 内置信号灯经 SA 的 14-15 触点、KCT 动合触点、SA 的 1-3 触点、电阻 R1 接通信号电源，信号灯发平光。将控制开关 SA 手柄顺时针旋转 90°，由"跳闸后"位置转至"预备合闸"位置。此时，SA 内置信号灯经 SA 的 14-13 触点、KCT 动合触点、SA 的 2-4 触点、电阻 R1 接通闪光电源，信号灯由平光转为闪光。此时若无警铃音响，信号灯闪光在提示操作对象的同时，说明合闸回路完好，可以进行合闸操作。

将控制开关手柄顺时针旋转 45°，由"预备合闸"位置转至"合闸"位置并保持 1～2s。此时 SA 的 9-12 触点接通，合闸线圈 KM 带电起动，其动合触点闭合使合闸线圈 YC 带电起动，断路器操动机构合闸。合闸后，一方面因断路器动断辅助触点 QF 翻转断开合闸回路使线圈 KM、线圈 YC 失电，而断路器动合触点翻转闭合使断路器位置继电器线圈 KCC 得电，其动合触点 KCC 闭合，另一方面随着合闸操作后释放控制开关 SA 手柄使之自动复归至

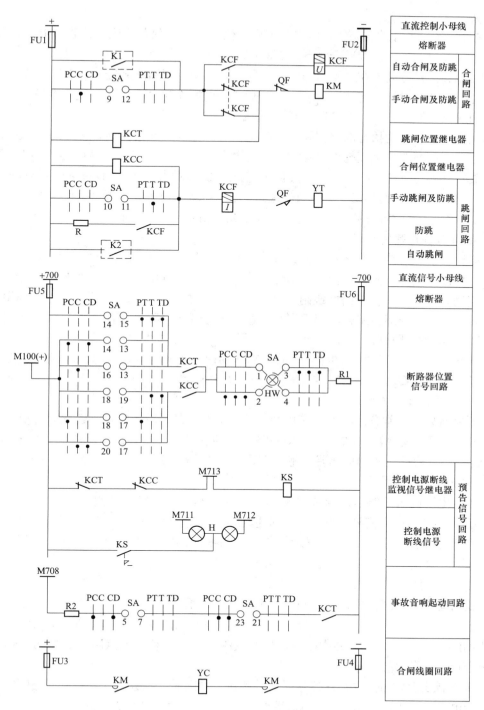

图 4-11　音响监视、电磁操动机构的断路器控制与信号回路

"合闸后"位置，SA 内置信号灯经 SA 的 20-17 触点、KCC 动合触点、SA 的 2-4 触点、电阻 R1 接通信号电源，信号灯发平光，指示正常合闸运行状态。

2. 断路器手动跳闸过程

将控制手柄逆时针旋转 90°，由"合闸后"位置转至"预备跳闸"位置。此时，信号灯经 SA 的 18-17 触点、KCC 动合触点、SA 的 1-3 触点、电阻 R1 接通闪光电源，信号灯由平光转为闪光。信号灯闪光在提示操作对象的同时，说明跳闸回路完好，可以进行跳闸操作。

将控制手柄逆时针旋转 45°，由"预备跳闸"位置转至"跳闸"位置并保持 1～2s。此时，跳闸线圈 YT 经 SA 的 10-11 触点、防跳继电器电流线圈 KCF、断路器动合触点 QF 接通控制电源，操动机构执行断路器跳闸。跳闸后，一方面因断路器动合辅助触点 QF 翻转断开跳闸回路，而断路器动断辅助触点 QF 翻转闭合使断路器跳闸位置继电器线圈 KCT 得电励磁，其常开触点 KCT 闭合，另一方面随着跳闸操作后释放控制手柄而使其自动复归至"跳闸后"位置，信号灯经 SA 的 14-15 触点、断路器跳闸位置继电器动合触点 KCT、SA 的 1-3 触点、电阻 R1 接通信号电源，信号灯发平光，指示正常跳闸状态。

3. 断路器自动跳闸过程

设断路器的状态为合闸运行，控制开关 SA 手柄在"合闸后"位置。若此时因发生故障使继电保护装置动作，其保护出口继电器触点 K2 闭合，跳闸线圈 YT 经 K2 接通控制电源而通电起动，操动机构使断路器跳闸。跳闸后，断路器跳闸位置继电器线圈 KCT 因断路器辅助常闭触点 QF 的翻转闭合而得电励磁，使其动合触点 KCT 闭合，则 SA 内置信号灯经 SA 的 14-13 触点、跳闸位置继电器动合触点 KCT、SA 的 2-4 触点、电阻 R1 接至闪光小母线 M100(＋)，信号灯闪光。同时，事故音响起动回路由 SA 的 5-7、23-21 触点、跳闸位置继电器动合触点 KCT、电阻 R2 接通，发出事故音响信号。

4. 断路器自动合闸过程

设断路器处于正常分闸状态，其控制开关手柄在"跳闸后"位置。若此时自动装置动作合闸，其触点 K1 闭合，SA 的 9-12 触点被短接，断路器合闸。此时，SA 内置信号灯经 SA 的 18-19 触点、合闸位置继电器常开触点 KCC、电阻 R1 接至闪光小母线，信号灯闪光。

5. 控制回路电源的音响监视

当控制电源因为熔断器熔断或接触不良等原因消失时，跳、合闸位置继电器线圈均断电，其动断触点在预告信号回路中闭合而起动信号继电器线圈 KS，进而 KS 的动合触点闭合点亮光字牌 H。光字牌 H 点亮显示控制电源断线的同时，会起动中央信号回路，发出预告音响信号（详见后续中央信号相关章节）。

6. 合、跳闸回路的音响监视

当断路器处于合闸位置，其控制开关手柄在"合闸后"位置时，若跳闸回路断线，则合闸位置继电器线圈 KCC 失电，其动合触点 KCC 断开，信号灯熄灭。同时，动断触点 KCC、KCT 均闭合，在预告信号回路中起动信号继电器 KS，KS 动合触点闭合点亮光字牌 H，且发出预告音响信号。

当断路器处于分闸位置，其控制开关手柄在"跳闸后"位置时，若合闸回路断线，则跳闸位置继电器线圈 KCT 失电，其动合触点 KCT 断开，信号灯熄灭。同时，动断触点 KCC、KCT 均闭合，在预告信号回路中起动信号继电器 KS，KS 动合触点闭合点亮光字牌 H，且发出预告音响信号。

如果控制电源正常，信号电源消失，则只是信号灯熄灭，不会伴随音响信号。

三、分相操作的断路器控制与信号回路

电压等级为 220kV 及以上的断路器，为了实现单相重合闸或综合重合闸操作，多采用分相操动机构。分相操作指对 A、B、C 每相断路器均配置一套操动机构。当手动操作断路器跳、合闸时，三相操动机构同时动作；当发生单相故障，继电保护仅动作于故障相断路器操动机构，使故障相跳闸，非故障相仍保持合闸运行状态。单相自动跳闸后，单相重合闸或综合重合闸动作，经一定延时使故障相自动重合闸，如不成功则跳开三相，不再重合闸。

图 4-12 为采用弹簧操动机构的分相操作的断路器控制与信号回路，控制与信号回路采用音响监视方式。图 4-12 中，控制开关 SA 型号为 LW2-YZ-1a、4、6a、40、20、20/F1 型，KCFa 为 A 相防跳继电器，KC 为合闸继电器，K 为跳闸继电器，KCTa、KCTb、KCTc 及 KCCa、KCCb、KCCc 分别为 A、B、C 相跳闸位置及合闸位置继电器。弹簧操动机构中的主要元件有：A、B、C 相储能弹簧限位开关 Sa、Sb、Sc，弹簧储能直流电动机，A、B、C 相跳闸线圈 YTa、YTb、YTc 及 A、B、C 相合闸线圈 YCa、YCb、YCc 等。以下按相应步骤分析分相操作的断路器控制与信号回路的操作过程。

1. 断路器手动合闸过程

设断路器初始位置为分闸位置，其控制开关手柄在"跳闸后"位置，A、B、C 三相弹簧储能完成，三相储能弹簧限位开关 Sa、Sb、Sc 因拉紧到位而动作，其动合触点闭合，允许合闸操作。顺时针将控制开关 SA 手柄由"跳闸后"经"预备合闸"旋转至"合闸"位置并保持 1～2s。此时，SA 的 9-12 触点接通，使合闸继电器电压线圈 KC 带电励磁，其动合触点 KC 闭合，经其自保持电流线圈、防跳继电器动断触点 KCFa（KCFb、KCFc）、储能弹簧限位开关动合触点 Sa（Sb、Sc）、断路器辅助动断触点 QFa（QFb、QFc）使 A、B、C 三相合闸线圈 YCa（YCb、YCc）接通控制电源带电，储能弹簧释放，A、B、C 三相操动机构同时动作合闸。合闸后，释放 SA 手柄使之自动复归至"合闸后"位置。断路器三相动合辅助触点 QFa、QFb、QFc 因断路器本体合闸而闭合，使合闸位置继电器线圈 KCCa（KCCb、KCCc）带电、动合触点闭合。SA 内置信号灯经 SA 的 20-17 触点、KCCa（KCCb、KCCc）动合触点、SA 的 2-4 触点、电阻 R1 接通信号电源，信号灯点亮，发平光。同时，弹簧限位开关动断触点 Sa（Sb、Sc）闭合，储能电动机转动拉紧弹簧储能，直到限位开关动作，动断触点 Sa（Sb、Sc）断开，电机停止转动，储能过程结束。

2. 断路器手动跳闸过程

设断路器处于合闸运行状态，其控制开关手柄在"合闸后"位置。逆时针旋转控制 SA 手柄，由"合闸后"位置经"预备跳闸"转至"跳闸"位置并保持 1～2s。此时，SA 的 10-11 触点接通使跳闸继电器 K 线圈带电励磁，其动合触点 K 闭合，并经过其自保持电流线圈、防跳继电器电流起动线圈 KCFa（KCFb、KCFc）、断路器动合辅助触点 QFa（QFb、QFc）使 A、B、C 三相跳闸线圈 YTa（YTb、YTc）接通控制电源带电励磁，则三相操动机构同时动作跳闸。跳闸后，释放 SA 手柄使之自动复归至"跳闸后"位置。断路器三相动断辅助触点 QFa、QFb、QFc 因断路器本体分闸而闭合，跳闸位置继电器线圈 KCTa（KCTb、KCTc）因此得电励磁使其动合触点闭合。此时，SA 手柄内置信号灯经 SA 的 14-15 触点、三相跳闸位置继电器并联动合触点 KCTa、KCTb、KCTc 及 SA 的 1-3 触点接通信号电源，信号灯点亮，发平光。

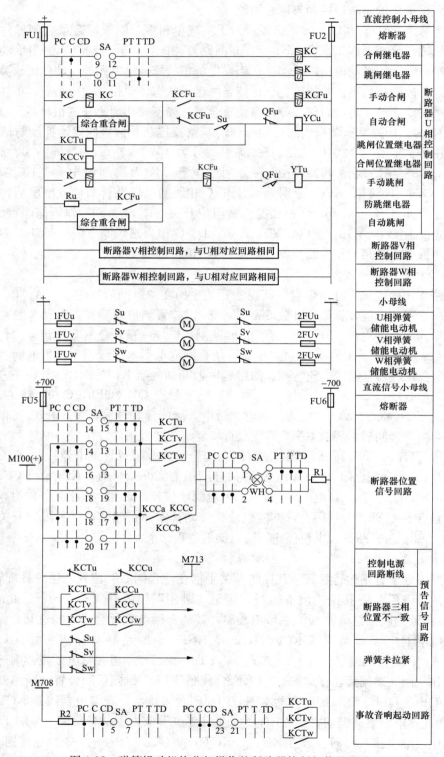

图 4-12　弹簧操动机构分相操作的断路器控制与信号回路

3. 故障相单相跳闸的分相操作过程

设断路器处于合闸运行状态，其控制开关手柄在"合闸后"位置。若 U 相发生接地故障，继电保护动作，经综合重合闸使 U 相跳闸线圈 YTu 带电，U 相操动机构使 A 相断路器跳闸。U 相单相跳闸后，U 相断路器辅助动断触点 QFu 闭合使 U 相跳闸位置继电器线圈 KCTu 带电，其动合触点 KCTu 闭合。此时，SA 手柄内置信号灯经 SA 的 14-13 触点、动合触点 KCTu、SA 的 2-4 触点、电阻 R1 接至闪光小母线 M100（＋），信号灯闪光。同时，事故音响小母线 M708 经电阻 R2、SA 的 5-7、23-21 触点、动合触点 KCTu 接至信号电源负极小母线 M-700，事故音响回路起动，发出事故音响信号；动合触点 KCTu 和并联的动合触点 KCCv、KCCw 接通信号电源正极小母线＋700，起动预告信号回路，发出"断路器三相位置不一致"信号（表达方式为光字牌及音响）。

4. 单相重合闸的分相操作过程

设 U 相因故障保护动作单相跳闸，在 U 相弹簧储能完好，允许合闸的条件下，综合重合闸起动，经一定延时后，由综合重合闸触点、U 相防跳继电器动断触点 KCFu、U 相弹簧限位开关动合触点、U 相断路器动断辅助触点 QFu，使 U 相合闸线圈 YCu 带电而自动合闸。自动合闸后，U 相断路器动断辅助触点 QFu 翻转断开使 U 相跳闸位置继电器线圈 KCTu 断电；U 相断路器动合辅助触点 QFu 翻转闭合使 A 相合闸位置继电器线圈 KCCu 带电，SA 手柄内置信号灯经 SA 的 20-17 触点、动合触点 KCTu、KCTv、KCTw，SA 的 2-4 触点、电阻 R1 接通信号电源，信号灯点亮，发平光。

5. 控制电源回路断线监视

若控制电源回路发生断线，断路器的三相跳闸位置继电器线圈 KCTu、KCTv、KCTw 及三相合闸位置继电器线圈 KCCu、KCCv、KCCw 均会断电失磁，则信号电源小母线＋700 经 U 相位置继电器的动断触点 KCCu 和 KCTu 连通控制回路断线小母线 M713，起动预告信号回路，发出"控制电源回路断线"信号。

四、6～10kV 断路器的控制回路

6～10kV 断路器，因其电压等级较低，故常安装于成套金属开关柜中。金属开关柜有固定式、手车式等型式，目前多用手车式。手车式开关柜中的断路器安装在可由专用摇把移出及推入的手车之中，断路器的型式多采用真空式。

手车式开关柜的手车有"工作""试验"和"检修"三个位置。"工作"位置即正常运行位置，手车为推入开关柜至运行位置；"试验"位置为将手车拉出一个短行程，此位置时断路器脱离一次回路，但可以对控制、保护等相关二次回路进行测试；"检修"位置为手车与开关柜本体完全脱离位置，以便对断路器、开关柜进行检修与维护。

安装于开关柜中的断路器的二次回路，通常为测控一体，并随断路器在一次回路中的位置和重要性的不同而使其二次回路的配置有很大不同。一般讲，其控制回路部分由储能回路、合闸回路、跳闸回路三部分组成，加之相应的保护回路及照明加热的辅助回路，构成其完整的二次回路。

以下以两个 6～10kV 断路器为例，介绍其控制回路。

1. 10kV 真空断路器控制回路

如图 4-13 所示，断路器储能及合、跳闸等回路叙述如下。

（1）储能回路：将转换开关 S 置于储能位置，合闸储能回路得电，电机 M 工作储能，

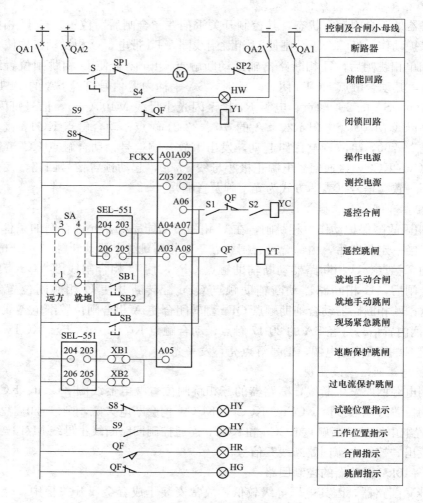

图 4-13 10kV 真空断路器控制回路

当储能达到满量时，限位开关 SP1、SP2 断开，电机 M 停止工作，行程开关 S4 闭合，使白色储能指示灯点 HW 点亮，同时在合闸回路中的行程开关 S1 由断开转为闭合。

（2）手车位置闭锁回路：断路器手车摇至工作位置或试验位置时，手车行程开关 S9（接通为工作位置，对应黄色指示灯 HY 点亮）或 S8（接通为试验位置，对应黄色指示灯 HY 点亮）为闭合接通状态，经断路器动断触点使闭锁电磁铁 Y1 得电励磁，联动合闸回路中的动合触点 S2 闭合。

（3）遥控合闸：将转换开关 SA 转至"远方"位置，其触点 3-4 接通。主控室上位机下发遥控合闸指令，微机保护装置 SEL-551 触点 203-204 闭合，测控装置 FCKX 触点 A04-A07 闭合。在储能已满的情况下，合闸线圈 YC 得电，断路器合闸，同时向上位机传输合闸信号并得到上位机反馈合闸成功。断路器本体合闸，红色合闸指示灯 HR 点亮。

（4）遥控分闸：将转换开关 SA 转至"远方"位置，其触点 3-4 闭合，主控室上位机下发遥控分闸指令，装置 SEL-55 触点 205-206 闭合。装置 FCKX 触点 A03-A08 闭合。断路器辅助触点 QF 动合触点闭合，分闸线圈 YT 得电，断路器分闸，同时向上位机传输分闸信号并得到上位机反馈分闸成功，断路器本体分闸，同时绿色跳闸指示灯 HG 点亮。

（5）就地手动合闸：将 SA 转换开关转至"就地"位置，其触点 1-2 闭合，将合闸按钮 SB1 按下，装置 FCKX 触点 A04-A07 闭合。在储能完成的情况下，合闸线圈 YC 得电断路器合闸，上位机反馈合闸信号。断路器本体合闸，合闸指示灯点亮。

（6）就地手动分闸：将 SA 转换开关转至"就地"位置，其触点 1-2 闭合。将就地手动分闸按钮 SB2 按下，装置 FCKX 触点 A03-A08 闭合，断路器辅助触点 DL 动合触点闭合。分闸线圈 YT 得电，断路器分闸。上位机反馈分闸信号，断路器本体分闸，同时点亮分闸指示灯。

2. 发电厂 6kV 厂用高压母线断路器控制回路

发电厂 6kV 厂用高压母线负责向厂用高压辅机、厂用低压母线电源变压器等负荷供电。在厂用高压母线电源断路器因故障跳闸时，需立即自动投入备用电源断路器，以保持母线负荷的持续供电。图 4-14 为发电厂 6kV 厂用高压母线断路器控制回路图。直流回路操作电源为 110V，照明加热回路电源为交流 220V。图 4-14 表现了现代发电厂中，采用了断路器综合保护装置及由 DCS 系统集中控制的 6kV 厂用高压母线断路器控制回路的基本方式。

图 4-14 中，YC、YT 为合、跳闸线圈；M 为储能电机；S3、S21、S22 微动开关；S41、S42 为储能行程开关；SW1、YW1、SW2、YW2 为位置指示开关；HY 为黄色指示灯；ZMD 为照明灯，S5 为位置开关，柜门打开时接通照明电源，以上设备元件与开关柜成套配置。QA 为直流电源回路保护开关；MMR 为断路器综合保护装置，其中 RS485 现场总线内置电能表，自带操作回路；SB 为试验按钮；XB1、XB2 为连接片；WSK 为温湿度控制器，JRO 为加热器。回路各部分功能见图中右侧表格说明。

图 4-14 中，MMR 采用的是型号为 WDZ-410 的线路综合保护测控装置，主要用于馈线、分支或母线分段回路的综合保护和测控。在现代发电厂的厂用系统的重要断路器控制回路中，采用此类综合测控装置，代替由继电器构成的传统控制逻辑，已成为普遍趋势。WDZ-410 装置具有功能齐全、参数可调整、抗干扰性强等特点，并且体积小、重量轻，可直接安装于开关柜上。现以 WDZ-410 为例，简要介绍其主要功能和接线端子。

WDZ-410 的线路综合保护测控装置的功能。

（1）保护功能。电流速断保护；电流限时速断保护；过电流保护；过负荷保护；后加速保护；独立的操作回路和防跳回路（可选配）；故障录波。

（2）测控功能。10 路遥信开入采集、装置内部遥信、事故遥信；断路器遥控跳、合；遥测量：三相电压，三相电流，P，Q，功率因数，频率，零序电流；2 路脉冲输入实现外部电能表自动抄表；内嵌高精度智能电能表，可节省外部电能表（可选配）；1 路 4～20mA 直流模拟量输出，替代变送器作为 DCS 测量接口（可选配）。

（3）通信功能。智能通信卡：常规配置高速 RS485 现场总线，通信速率可达 115.2Kbps，并支持双网，也可工业以太网。

WDZ-410 的线路综合保护测控装置的接线端子。

WDZ-410 的线路综合保护测控装置的接线端子，按照背板信号指示灯、工作和操作电源、远方/当地电源、开关量输入、信号输出、中央信号输出、位置信号、现场总线、时钟

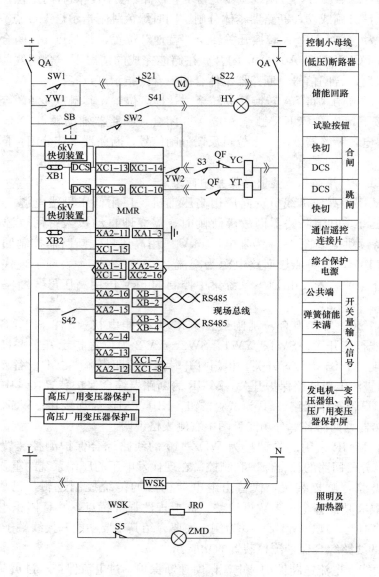

图 4-14 发电厂 6kV 厂用高压母线断路器控制回路

同步信号、摇跳/摇合、保护跳闸输出，交流量输入及调试口、以太网接口等功能区域划分，规划了电源板、操作板、CPU 板及模入板等接线端口板。WDZ-410 的线路综合保护测控装置的背板端子排布及定义图如图 4-15 所示。

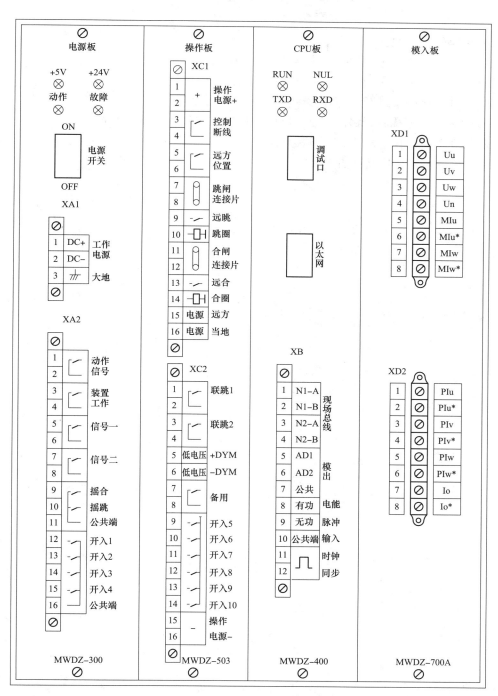

图 4-15　WDZ-410 的线路综合保护测控装置的背板端子排布及定义图

思考与练习题

1. 对断路器控制回路由哪些基本要求？

2. 以图 4-10 为例，试叙述手动合闸及手动跳闸的操作过程。

3. 试回答红灯串入跳闸回路及绿灯串入合闸回路的作用。

4. 何为断路器的"跳跃"？防跳继电器的作用是什么？

5. 双灯制灯光监视的断路器控制回路中，信号灯在什么时候会闪光？

6. 以图 4-10 为例，若断路器合闸运行时因发生故障使保护动作跳闸，试问断路器控制与信号回路会发生什么状况？如何处理？

第五章 信 号 回 路

第一节 概 述

信号回路是继电保护、安全自动装置、监察设备向运行人员传达一次系统运行状态信息的媒介。运行人员根据信号回路及设备表达的信息，了解一次系统的运行状态。信号回路对协调生产调度、及时发现和分析故障及不正常运行状态、及时和正确处理事故等方面都是不可或缺的。

信号的表达方式主要有信号灯、光字牌、音响等。根据这些信号表达方式的相应定义，可以了解其所要表达信息的类型、特征及具体含义。

一、信号回路的类型

信号回路按其工作电源的电压可分为强电信号回路和弱电信号回路。强电电压为220V或110V，弱电电压为48V及以下。

信号回路按其用途可分为事故信号、预告信号、位置信号、指挥信号等，其中事故信号和预告信号统称为中央信号。中央信号涵盖了信号部分的主要内容，也是本章学习的重点。

1. 事故信号

事故信号指因电气设备或线路发生故障导致继电保护装置动作或保护及操动机构误动而使断路器自动跳闸而发出的信号。其音响信号是蜂鸣器（电笛）鸣响。

事故信号代表了断路器事故跳闸这一类特定的严重故障信号。

2. 预告信号

预告信号是指系统运行出现各种不正常状态时所发出的信号。其音响信号是电铃（以区别于事故音响的蜂鸣器）鸣响。

预告信号包括如发动机、变压器过负荷；变压器气体、油温越限；发动机失磁或强行励磁保护动作；断路器操动机构运行异常；电压互感器二次回路断线；控制回路断线或直流系统接地；配电线路单相接地故障等。预告信号提示运行人员设备隐患，以便及时发现处理。可见，预告信号是表示一些不必马上处理，但放任其发展可能会造成设备损坏、断路器跳闸等严重事故的不正常状态的信号。

3. 位置信号

位置信号用来表示断路器和隔离开关的位置状态。断路器通常用信号灯表示其分、合闸位置；隔离开关通常用专用的位置指示器或灯光表示其分、合闸位置。

4. 指挥信号

指挥信号指发电厂中电气、热机、锅炉等专业之间的生产联系信号及电气主控室与电网调度间的调度通信。除通信电话外，设有专用的联系信号装置。上述信号及大事故时的广播呼叫，都属于指挥信号的范畴。

上述各类信号，都有各自信号的表达方式以表明信号的性质。其中，事故信号和预告信号的音响信号以蜂鸣器和电铃以示区别外，其灯光信号以点亮光字牌的方式表明故障的性质。光字牌是灯光背景加文字说明的一种灯光信号表达方式，可直观显示各种事故或不正常状态的性质。光字牌中有一种"掉牌未复归"光字牌，它属于公共光字牌，其点亮只表明有故障发生，但不表达具体故障的性质。如需了解具体故障性质，要看表达具体故障性质的光字牌。

二、中央信号回路的基本要求

（1）当断路器事故跳闸时，无延时发出蜂鸣器音响信号，并点亮相应光字牌。同时断路器位置信号灯闪光及起动远动装置，发出遥信信号以使调度中心掌握发电厂或变电站的运行状况。

（2）电气设备及系统出现不正常运行状态时，能起动相应预告信号回路使电铃鸣响，并点亮相应光字牌。

（3）中央信号能正确指示断路器位置及自动记录断路器事故跳闸时间。

（4）中央信号应能测试其音响信号及其光字牌的完好性。

（5）音响信号应能手动和自动复归，而保留故障性质的灯光显示。

（6）大型发电厂和变电站发生故障时，能通过对事故信号的分析迅速确定故障的性质。

第二节　简单中央信号回路的构成原理

一、简单中央信号回路的构成

简单的中央信号回路，仅完成发出事故和预告音响信号及点亮相应光字牌的基本任务，电路结构非常简单。正因为其电路结构简单、运行可靠，其电路构成的原理一直得到沿用。现代的具有更多功能中央信号回路，都是由这种简单的电路结构发展、派生而来的，学习中央信号回路的初始结构和工作原理可为后续学习较为复杂的信号回路建立一个整体概念。图5-1为简单中央信号回路接线图。

二、工作原理

如图5-1所示，当事故音响信号起动回路符合条件起动，使事故音响信号小母线M708与小母线负极－700接通，蜂鸣器（电笛）鸣响。只要事故音响信号起动回路未复归断开，则电笛就保持鸣响。试验按钮SB1可以起到事故音响信号起动回路同样的效果，其目的在于测试事故音响信号回路的完好与否。在电笛鸣响期间，按下事故信号解除按钮SB2，则中间继电器KC1线圈励磁，其动合触点闭合保持其线圈的励磁状态；其动断触点断开电笛HAU所在回路，解除电笛鸣响。

同样的，当预告音响信号起动回路满足某种条件起动时，使预告信号小母线M709与小母线正极＋700接通，电铃鸣响。其测试与解除音响信号回路原理与事故信号回路一致。

"掉牌未复归"小母线M703、M716之间由连接在相应二次逻辑回路中的信号继电器的触点接通，导致"掉牌未复归"光字牌HL1点亮，表示有事故或不正常运行状态发生。

信号电源监视回路中的信号灯HL2点亮，表明信号电源回路完好。

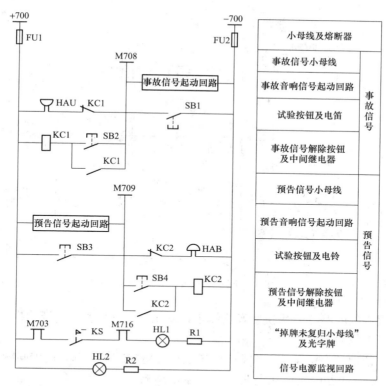

图 5-1　简单中央信号回路接线图

第三节　中央事故信号回路

一、中央复归不能重复动作的事故信号回路

1. 事故信号的起动回路

如前所述，事故信号要表达的是当一次系统发生短路故障而导致继电保护动作使断路器跳闸时所要发出的信号，其音响信号起动回路的接线已在第四章有关断路器控制与信号回路中提到过（见图 4-10 中事故音响信号起动回路）。将一次系统中需要在中央信号系统中监视的各断路器的对应事故音响信号起动回路，连接在事故信号回路中事故音响信号小母线 M708 和信号小母线负极－700 之间，即构成事故音响信号的起动回路，如图 5-2 所示。

以断路器 QF1 为例说明，QF1 由合闸运行而因事故跳闸后，此时其控制开关 SA1 仍在"合闸后"位置，即出现了断路器实际位置与其控制开关手柄位置的"不对应"状态。此时断路器 QF1 的事故跳闸信号起动回路由其动断辅助触点 QF1 随断路器本体分闸闭合，经控制开关 SA1 的 19-17 和 1-3 触点、电阻 R1 接通信号小母线负极（－700）和事故音响信号小母线（M708），M708 带负电，电笛 HUA 经中间继电器 KC 动断触点接通小母线正极＋700 而鸣响，发出事故音响信号。

2. 音响信号的复归

在电笛鸣响持续期间，则不能识别另外的因事故跳闸的断路器所发出的事故音响信号，

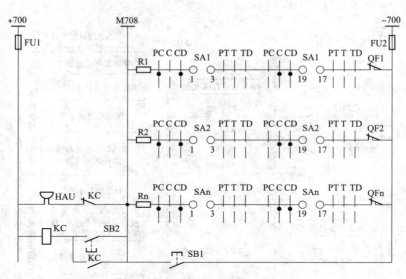

图 5-2　中央复归不能重复动作的事故信号回路

因此应在知晓报警的断路器后尽快使音响停止，以便准备好接受新的音响报警。使电笛停止鸣响，又称为音响信号复归。

音响复归，便捷的方法是按下图 5-2 中事故信号解除按钮 SB2，使中间继电器 KC 励磁，KC 的动断触点断开切断电笛所在电路而使之停止鸣响，同时 KC 的动合触点闭合，保持因松手后而断开的 SB2 触点，进而保持 KC 线圈处于励磁状态、其动断触点保持断开状态而使电笛 HUA 停止鸣响。需要注意的是，按下音响解除按钮 SB2 使音响复归的方法，仅仅是复归音响本身，并没有解除或复归造成起动的原因，这个原因就是事故信号起动回路，因其断路器保护跳闸而接通事故信号小母线 M708 和小母线负极−700。复归事故音响信号起动回路的方法，是将断路器控制开关手柄由"合闸后"旋至"跳闸后"，从而使断路器的实际状态与其控制开关手柄位置间由"不对应"关系转为对应，由此也断开了起动回路的导通状态。不先按事故信号解除按钮，直接复归事故音响信号起动回路，也可以复归音响。在事故音响起动回路复归之前，无论音响已由事故解除按钮复归与否，都不能识别新的事故音响报警，故图 5-2 所示回路称为不能重复动作的事故信号回路。一般适合小型变电站和发电厂的事故信号系统。

事故信号试验按钮 SB1 的作用，显然是模拟事故音响信号起动回路的起动与复归，测试事故音响回路是否完好。

二、中央复归能重复动作的事故信号回路

为使事故信号能重复动作，即在已起动的事故音响信号起动回路尚未复归（音响信号复归已起动）期间，仍能接受后续事故音响信号起动回路的起动报警，需在不能重复动作的事故信号回路基础上，引入冲击继电器。引入了冲击继电器，可使事故信号回路具备能重复动作的功能。为此要求冲击继电器具有动作速度快、动作后自动返回、能连续重复动作等功能。

冲击继电器的型号和种类有多种，如利用干簧继电器作为执行元件的 ZC 系列冲击继电器、利用极化继电器作为执行元件的 JC、CJ、HC 系列冲击继电器及由半导体器件构成的

BC 系列冲击继电器。下面介绍由 ZC-23 型和 JC-2 型冲击继电器构成的中央事故信号回路。

1. 由 ZC-23 型冲击继电器构成的事故信号回路

由 ZC-23 型冲击继电器构成的事故信号回路如图 5-3 所示。

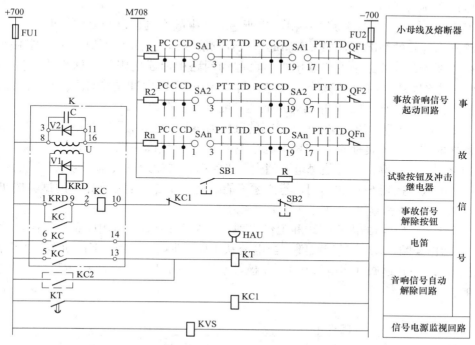

图 5-3　由 ZC-23 型冲击继电器构成的事故信号回路（KC2 线圈在图 5-6 中）

图 5-3 中，SB1 为试验按钮、SB2 为音响解除按钮；K 为冲击继电器；KC、KC1、KC2 为中间继电器；KT 为时间继电器；KVS 为熔断器监察继电器。其动作原理如下：

（1）事故音响信号的起动与复归。当有断路器因一次系统故障而继电保护动作跳闸时，其对应的事故音响信号起动回路则按断路器位置与其控制开关手柄位置的"不对应"原则起动，接通 M708 与−700，使 M708 带负电，由此给变流器 U 的一次侧输入突变电流脉冲，使 U 二次产生感生电动势，造成干簧继电器 KRD 线圈励磁动作。KRD 动合触点闭合起动中间继电器 KC，KC 的三个动合触点同时闭合，其一保持由于 KRD 返回而断开的端子 1 和端子 9 之间的电路的接通状态，使 KC 线圈持续励磁；其二接通端子 6 与端子 14，起动电笛发出音响信号；其三接通端子 5 和端子 13，起动时间继电器 KT。KT 起动后经一定延时，其动合触点闭合使中间继电器 KC1 线圈励磁起动，KC1 动断触点断开 KC 线圈所在回路，使 KC 线圈失磁返回，其动合触点之一断开端子 6 和端子 9 间电路，使电笛 HUA 失电停止鸣响，实现了音响信号自动复归。在音响已经起动而时间继电器 KT 的触点闭合前，按下音响解除按钮 SB2，使 KC 线圈断电失磁，则可实现事故音响信号的手动复归。

（2）事故信号的重复动作。在断路器数量较多的大型发电厂和变电站中，可能出现已起动的事故音响信号回路未复归期间，又发生新的起动回路起动报警，因此要求事故音响回路能重复动作，以反映全部事故状态。图 5-3 中干簧继电器 KRD，由变流器 U 的一次线圈受到事故音响信号起动回路接通的电流脉冲的冲击在 U 的二次线圈中产生的感生电动势而起动，和 U 的一次线圈并联的电容和二极管的作用是吸收电流脉冲的能量，使 U 的一次线圈中的电流尽快趋于平稳，当其一次线圈的 $\dfrac{\mathrm{d}i}{\mathrm{d}t}=0$ 时，其二次线圈的感生电动势消失，则 KRD 返回，以便准备下一次动作。

在 KRD 业已返回，且由其上一次动作所起动的事故音响也已经复归，但事故音响信号起动回路尚未复归的情况下，如又有新的事故音响信号起动回路因断路器保护跳闸而起动接通，则由于新的起动回路中的串联电阻与已起动回路中串联电阻的并联作用，使 M708 与 −700 小母线之间总电阻突然减小而形成一个突变电流再次冲击变流器 U 一次线圈而使 KRD 动作，再次起动音响信号报警，从而达到能重复动作的目的。

图 5-3 中接于 +700 和 −700 小母线间的继电器 KVS 的作用是监视熔断器 FU1 和 FU2，当熔断器熔断或接触不良使音响信号电源断电时，KVS 线圈失电，其动断触点将在预告音响信号回路闭合，点亮"事故信号电源消失"光字牌，告知运行人员信号电源断电。

图 5-3 中试验按钮 SB1 的作用，与前述不能重复动作音响信号回路中的试验按钮相同。

2. 由 JC-2 型冲击继电器构成的事故信号回路

JC-2 型冲击继电器的内部接线和工作原理，如图 5-4 所示。图中，KP 为极化冲击继电器，L1 为动作线圈，L2 为返回线圈。当电流从 L1 极性端流入时，KP 动作；当电流从 L2 极性端流入时，KP 返回（当电流从 L1 非极性端流入时，KP 也返回），R1、R2 为电阻，C 为充电电容。

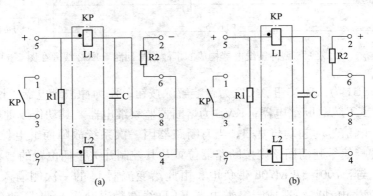

图 5-4　JC-2 型冲击继电器内部接线
(a) 负电源复归；(b) 正电源复归

当有起动回路动作，突变电流脉冲从极化继电器 KP 的端子 5 流入，在电阻 R1 上产生一个电压增量，此电压经线圈 L1 和 L2 对电容 C 充电，充电电流经 L1 极性端流入，使 KP 动作，其动合触点闭合。当电容充满电，充电电流消失后，KP 仍保持动作状态。极化继电器的复归分为两种情况：当冲击继电器接于电源正极，将端子 4 和端子 6 短接，负电源加到端子 2 时，如图 5-4（a）所示，直流电压产生的复归电流经端子 5、R1、L2、R2 到端子 2，此电流从 L2 极性端流入，使 KP 复归；当冲击继电器接于电源负极，短接端子 6 和端子 8，将正电源加到端子 2 时，如图 5-4（b）所示，复归电流从端子 2 经 R2、L1、R1 到端子 7，此电流从 L1 非极性端流入，使 KP 复归。此外，当流经电阻 R1 的起动冲击电流突然减小或消失时，在电阻 R1 上形成的电压减量将使电容 C 经极化继电器线圈放电，该放电电流从

L2 极性端流入，使 KP 返回，从而实现了冲击继电器的自动复归。

下面介绍由 JC-2 型冲击继电器构成的事故信号回路及动作原理，如图 5-5 所示。图 5-5 中，K1、K2 为 JC-2 型冲击继电器，SB1、SB2 为事故信号试验按钮，SB 为事故信号解除按钮，KC1、KC3、KCA1 及 KCA2 为中间继电器，KT 为音响自动复归的时间继电器，M808 为发遥信事故音响的事故音响信号小母线，M727 Ⅰ、M727 Ⅱ 为配电装置用事故音响 Ⅰ、Ⅱ 段小母线。其动作原理如下：

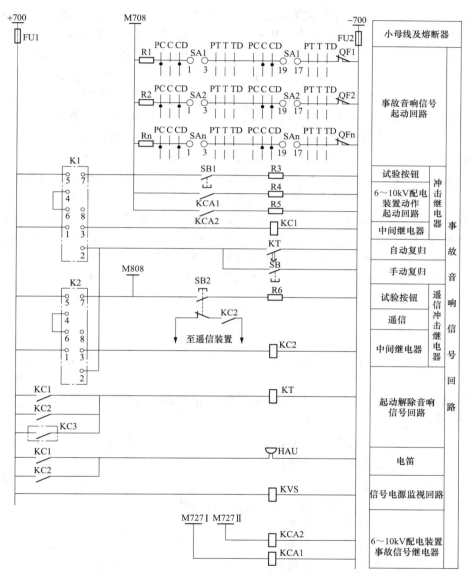

图 5-5 由 JC-2 型冲击继电器构成的事故信号回路（KC3 线圈在图 5-9 中）

（1）事故信号的起动和复归。当有断路器事故跳闸时，其音响起动回路接通事故音响信号小母线 M708 与信号电源负极小母线−700，脉冲电流使冲击继电器 K1 起动。K1 的端子 1 和端子 3 接通起动中间继电器 KC1，KC1 的动合触点闭合接通电笛，发出音响信号。

　　KC1 的另一对动合触点（或 KC2 的一对动合触点）闭合，接通时间继电器 KT 线圈，其触点经延时后闭合，将冲击继电器 K1（或 K2）的端子 2 接至信号电源负极而使 K1（或 K2）复归，其端子 1 和端子 3 断开，中间继电器 KC1（或 KC2）线圈失磁，其动合触点断开电笛回路，使音响信号自动复归。音响信号复归后，整个回路恢复原状态，准备接受再一次动作。在时间继电器触点闭合前，按下音响解除按钮 SB，也可实现音响手动复归。

　　（2）发遥信。由断路器事故跳闸而起动的音响，需要向中央调度所发出事故音响遥信信号时，通常是发电厂或变电站的主要设备或归各级调度管辖的设备的断路器发生事故跳闸时，则将信号电源负极小母线−700 接至专为遥信装置设置的遥信事故音响信号小母线 M808，冲击电流使遥信冲击继电器 K2 动作，K2 的端子 1 和端子 3 接通起动中间继电器 KC2，KC2 的三对动合触点之两对用于去起动时间继电器 KT、电笛 HUA，第三对起动遥信装置，发出遥信信号至中央调度站。相对次要或不归各级调度管辖的设备，如图中 6～10kV 配电装置的断路器事故跳闸时，使小母线 M727Ⅰ（或 M727Ⅱ）带直流正电，则中间继电器 KCA1（或 KCA2）起动，其动合触点闭合使 M708 突然带负电而起动冲击继电器 K1 发出事故音响，但遥信冲击继电器 K2 不会动作，即不会发出遥信信号。

　　（3）事故信号回路的重复动作。由 JC-2 型冲击继电器构成的事故信号回路的重复动作的原理，与前述由 ZC-23 型冲击继电器构成的事故信号回路的重复动作原理相同，也是利用新的事故音响信号起动回路的电阻与已起动回路的电阻的并联关系而使总电阻突然减小造成的冲击电流脉冲，使冲击继电器再次起动，完成一次音响报警和音响解除的循环过程。

　　试验按钮和电源监视继电器的作用已经做过介绍，不再赘述。需要指出的是，用于遥信冲击继电器 K2 的试验按钮 SB2 的动断触点接于遥信回路，以免试验时误发遥信信号。

第四节　预告信号回路

　　预告信号与事故信号一同构成中央信号。因此，预告信号回路与事故信号回路有着类似之处，归纳如下。

　　（1）预告信号回路与事故信号回路一样，都是由冲击继电器作为回路核心元件构成，完成信号的起动、重复动作、自动复归等项功能。

　　（2）二者含义不同。事故信号回路为断路器继电保护动作跳闸这种的故障状态而设；预告信号为系统和设备的各种不正常运行状态而设。

　　（3）二者音响信号表达方式不同，事故信号为电笛（蜂鸣器），预告信号为电铃，而二者均以点亮显示故障具体内容的光字牌及同时点亮掉牌未复归光字牌为其光字牌表达方式。

　　（4）二者起动回路的构成原理不同。事故信号是利用断路器实际位置与其控制开关手柄位置间的不对应原理，接通信号电源负极与事故音响信号小母线来起动；预告信号是利用反映不正常运行状态的继电保护回路的对应继电器动作，其触点接通信号电源正极与预告信号小母线来起动的。虽然预告信号和事故信号的起动回路的构成不同，但其起动和重复动作时冲击电流的形成原理是一致的，起动时由起动回路接通造成冲击电流，重复动作时则由新的起动回路接入造成并联电阻突然减小而形成新的冲击电流，只是预告信号起动回路的电阻是由光字牌的灯丝电阻替代了事故信号起动回路中的电阻作用。

　　（5）预告信号回路与事故信号回路中的某些继电器及其触点相互关联，不是各自独立的回路，如事故信号回路中电源回路断线状态，需要在相应预告回路有所显示。

发电厂中的预告信号，通常对应不正常状态的轻重缓急及尽量不影响事故信号的表达而分为瞬时信号和延时信号两种。因为电力系统的某些设备故障，可能伴随一些不正常运行状态的出现，如发动机、变压器过负荷，电压互感器二次回路断线，小接地电流系统的单相接地等，都有可能与一次设备的短路故障信号同时发生。为了区别于短路故障，将这些不正常运行现象的预告信号延时发出，其延长时间大于设备外部短路故障的最大切除时间。在外部短路切除后，这些由系统短路所引起的信号一般会自动消失，从而避免预告信号的发出而分散运行人员的注意力。对于变电站中的预告信号，则为了简化二次回路接线，一般不设延时信号。通过多年运行实践，认为预告信号没有必要分为瞬时和延时两种，而统一将预告信号回路中的冲击继电器带有 0.2～0.3s 的延时，就既能满足以往延时信号的基本要求，又兼顾到不影响瞬时信号。因此，相关规程中取消了"中央预告信号应有瞬时和延时两种"的内容，使发电厂和变电站的预告信号统一起来，也达到了简化二次回路接线的目的。

虽然在一些发电厂的主控制室、单元控制室及网络控制室中，仍然采用瞬时和延时的两种预告信号形式，本节只介绍带有 0.2～0.3s 延时的预告信号回路。

一、由 ZC-23 型冲击继电器构成的预告信号回路

图 5-6 为由 ZC-23 型冲击继电器构成的预告音响信号回路，其起动回路如图 5-7 所示。图 5-6 中，M709、M710 为预告音响信号小母线；SB、SB1 为试验按钮、SB2 为事故信号解除按钮；SM 为转换开关；K1、K2 为冲击继电器；KC2 为中间继电器、KT1 为时间继电器、KS 为信号继电、KVS1 为熔断器监察继电器；HW 为熔断器监视灯；H1、H2 为光字牌；HAB 为电铃。

由于 ZC-23 型冲击继电器不具备冲击自动复归的特性，图 5-6 的回路中，采用两只冲击继电器反极性串联，以实现冲击自动复归特性，从而在预告信号的 0.2～0.3s 短延时内，避免某些瞬时动作即复归的信号的误发出。其动作原理如下：

（1）预告信号的起动。转换开关 SM 的"工作"位置，此位置是接受预告信号的位置。置于"工作"位置时，SM 的触点 13-14、15-16 接通。如此时有需要发出信号的不正常运行状态发生（如变压器油温过高、配电线路单相接地等），则图 5-7 中的相应继电保护中的继电器触点 K 闭合，信号电源正极 +700 经触点 K 和光字牌 H 的两只灯泡接至预告信号小母线 M709 和 M710 上，使冲击继电器 K1 和 K2 的变流器一次侧电流突变，二次侧产生脉冲感应电动势。由于冲击继电器 K2 的变流器 K2-U 是反极性连接的，其二次侧感应电动势被其并联二极管 K2-VD1 所短接，因此只有 K1 的干簧继电器 K1-KRD 动作，K1-KRD 的动合触点闭合，起动其出口中间继电器 K1-KC，K1-KC 的一对动合触点闭合用于自保持，另一对在 K1 的 6-14 端子间的动合触点闭合，使端子 6-14 接通，起动时间继电器 KT。KT 的延时闭合动合触点经 0.2～0.3s 的短延时后闭合，起动中间继电器 KC2，由 KC2 的动合触点闭合起动电铃 HAB，发出音响信号。除音响外，还点亮显示故障性质的光字牌及掉牌未复归光字牌。

（2）预告信号回路的复归。如果预告信号回路起动后，在时间继电器 KT 的延时动合触点尚未闭合之前，预告信号起动回路中的继电器触点闭合后即返回断开（故障消失），则表现为变流器 K1-U 和 K2-U 的一次侧电流突然减少或消失，在各自的二次侧感应出反向的脉冲电动势，在此情况下，K1-U 的二次侧感生电动势被其二极管 K1-VD1 短接，因而只有干

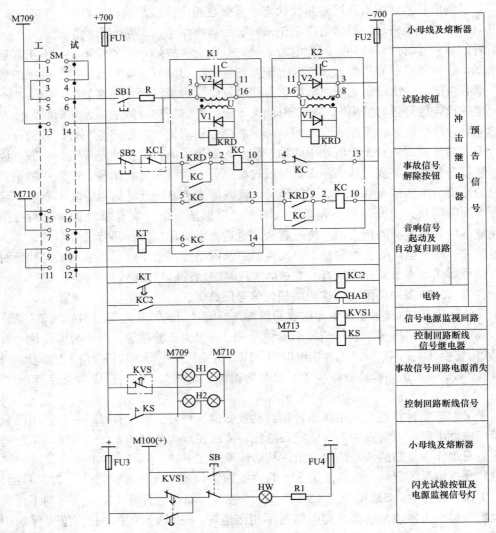

图 5-6　由 ZC-23 型冲击继电器构成的预告信号回路

（图中继电器 KC1、KVS 线圈在图 5-3 中）

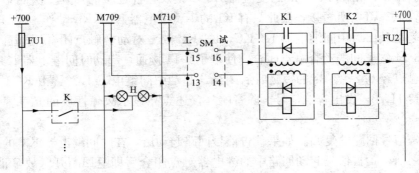

图 5-7　由 ZC-23 型冲击继电器构成的预告信号起动回路

簧继电器 K2-U 动作。K2-U 动作起动其出口中间继电器 K2-KC，K2-KC 的一对动合触点闭合用于自保持，其动断触点断开切断 K2 的端子 4-13 间电路，从而切断 K1-KC 线圈的励磁回路，使 K1-KC 复归，时间继电器 KT 也随之复归，切断电铃所在回路，则预告信号未被发出，即由冲击继电器 K2 的反向动作的自动冲击复归实现了预告信号回路的自动复归。

正常延时自动复归时，中间继电器 KC2 的另一对动合触点（在图 5-3 事故信号回路中）闭合，起动图 5-3 事故信号回路中的时间继电器 KT，KT 触点经延时后起动图 5-3 中的中间继电器 KC1，KC1 的两对动断触点断开（分别在图 5-3 事故信号回路和图 5-6 预告信号回路中），使事故和预告回路中所有继电器复归，解除音响信号，完成了音响信号的延时自动复归。在时间继电器延时时间段内，按下音响解除按钮 SB2，可实现音响信号的手动复归。需要指出的是，音响解除后，光字牌仍然为点亮状态，直到不正常现象消失，继电保护复归（使触点 K 断开），光字牌才熄灭。

（3）预告信号回路的重复动作。预告信号的重复动作是指已有起动回路起动报警，在其音响已经复归而起动原因尚未复归的情况下（其起动回路中，动作报警的继电器触点 K 仍为闭合连通状态），仍能接受新的起动回路起动报警。其原理是利用已起动回路光字牌回路灯丝电阻与新起动回路光字牌灯丝电阻并联而使总电阻突然减少，造成冲击继电器一次侧电流突变而再次动作来实现的。

（4）光字牌检查回路。中央信号是按照单元来划分的，每个单元中的事故及预告信号光字牌数量有限，因此光字牌的检查试验直接通过转换开关的试验位置接线回路来完成。由于正常运行时光字牌为不点亮状态，只有在由异常状态下才点亮对应的光字牌，而中央信号又不能监察其完好性，因此需要定期检查光字牌指示灯是否完好。

检查时，如图 5-8 所示，将转换开关 SM 切换至"试验"位置，其触点 1-2、3-4、5-6、7-8、9-10、11-12 接通，将预告信号小母线 M709 接至信号电源正极小母线＋700，M710 接至信号电源小母线负极－700，此时点亮的光字牌为完好，不亮的光字牌如不是线路连接的问题，则说明其中的一只或两只灯泡损坏。光字牌中的两只灯泡如有一只损坏，在工作状态下还能够以较暗发光点亮光字牌，如两只灯泡均损坏则不能点亮光字牌。光字牌在试验状态下，其两只灯泡是串联方式点亮的，因灯泡端电压不足而发光较暗；光字牌在工作状态下，其灯泡是并联方式点亮的，灯泡端电压为回路额定电压，故工作状态时发光较亮。

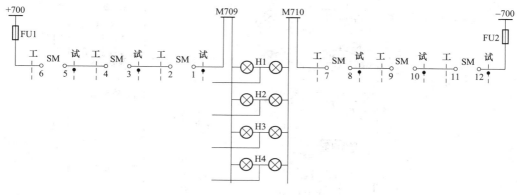

图 5-8　光字牌试验回路

（5）预告信号回路的电源监视。预告信号回路电源的完好性由图 5-6 中熔断器监察继电器 KVS1 进行监察。正常时，KVS1 线圈为带电励磁状态，其延时断开的动合触点为闭合状态，点亮白色信号灯 HW，指示信号回路电源正常。当有熔断器熔断或接触不良使预告信号回路电源无压时，KVS1 的线圈失电，其动断触点延时闭合，将信号灯 HW 接至闪光小母线 M100（＋），使 HW 闪光，提示运行人员注意。试验按钮 SB 的作用是测试闪光回路。

二、由 JC-2 型冲击继电器构成的预告信号回路

由 JC-2 型冲击继电器构成的预告信号回路如图 5-9 所示。图 5-9 中，SB 为试验按钮、

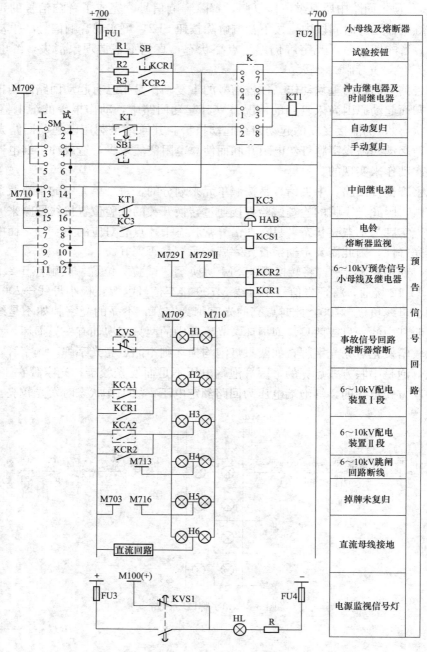

图 5-9　由 JC-23 型冲击继电器构成的预告信号回路

（图中继电器 KVS、KCA1、KCA2 线圈在图 5-5 中）

SB1 为音响解除按钮；SM 为转换开关；M729Ⅰ、M729Ⅱ 为 6～10kV 配电装置Ⅰ段、Ⅱ段预告信号小母线；M709、M710 为预告信号小母线；M713 为 6～10kV 线路分闸断线信号小母线；M703 和 M716 分别为辅助小母线和掉牌未复归小母线（两小母线之间由相应继电保护的信号继电器触点动作接通，点亮掉牌未复归光字牌）；M100（＋）为闪光小母线；K 为冲击继电器；KT（其线圈在图 5-5 事故信号回路图中画出）、KT1 为时间继电器；KC3 为中间继电器；HAB 为电铃；KVS（其线圈在图 5-5 事故信号回路图中画出）为事故信号回路电源熔断器监察继电器、KVS1 为预告信号回路电源熔断器监察继电器；KCR1、KCR2 为 6～10kV 配电装置预告信号继电器触点、KCA1、KCA2 为 6～10kV 配电装置事故信号继电器触点（两继电器线圈在图 5-5 事故信号回路图中画出）。H1～H6 为光字牌；HW 为熔断器监视灯。预告信号回路的动作原理如下：

（1）预告信号的起动。正常工作状态时，转换开关 SM 处于"工作"位置，其触点 13-14、15-16 接通。当有不正常运行状况出现时，相应的继电保护装置触点动作闭合，经双灯显示故障性质的光字牌、冲击继电器 K 的 5-7 端子接通电源回路使 K 起动。同时，K 的 1-3 端子间的动合触点闭合，起动时间继电器 KT1，KT1 的触点经 0.2～0.3s 的延时后闭合，从而起动中间继电器 KC3 及电铃 HAB，发出音响信号。

（2）预告信号的复归。预告信号是利用图 5-5 中事故信号回路中的时间继电器 KT 来实现延时复归的。中间继电器 KC3 触点闭合起动电铃 HAB 发出音响信号的同时，其另一对动合触点（在图 5-5 中）闭合，起动图 5-5 中时间继电器 KT，KT 的动合触点（在图 5-9 中画出）经延时后闭合，将反向电流引入冲击继电器 K，即 K 的 2 号端子接于电源正极，使 K 复归，并解除音响信号，实现了音响信号的延时自动复归。在 KT 触点延时闭合时间内，按下手动复归按钮 SB1，可实现音响信号的手动复归。当故障在 0.2～0.3s 内消失时，由于在冲击继电器 K 的内部接线中的电阻 R1 上突然出现一个电压减量，使 K 自动冲击复归返回，从而避免了误发信号。K 复归后，解除了音响信号，但光字牌仍旧点亮，直到作为起动原因的继电保护复归（其触点断开），光字牌才会熄灭。

图 5-9 所示采用 JC-23 型冲击继电器的预告信号回路中的音响信号的重复动作及预告信号回路的电源监视的原理，与图 5-3 所示采用 ZC-23 型冲击继电器的预告信号回路相同或类似，不再赘述。

思考与练习题

1. 试简述中央信号包含哪些内容？各自的含义是什么？
2. 事故信号与预告信号的起动回路有什么不同？二者的音响表达方式是什么？
3. 试简述事故信号回路和预告信号回路的重复动作原理。
4. 以图 5-3 和图 5-6 为例，试说明事故信号和预告信号的起动、复归、重复动作及信号电源监视的原理。
5. 以图 5-5 和图 5-9 为例，试说明实现冲击继电器冲击自动复归的原理及冲击自动复归的目的。

第六章 隔离开关的操作及闭锁回路

第一节 概 述

隔离开关分为电气一次主回路中的隔离开关（下称隔离开关）和一次系统及设备检修时的接地隔离开关，接地隔离开关也称为接地开关。除电气一次母线用接地设备外，接地开关是对应隔离开关上的附属装置，而不是独立的设备。隔离开关可选用带接地开关或不带接地开关，也可选择一侧带接地开关或两侧都带接地开关。

隔离开关随着应用的电压等级、安装与操作方式的不同，有多种不同的型式。对隔离开关的操作，即是指对隔离开关和接地开关的分、合闸操作。

按隔离开关的操作控制地点，隔离开关分为就地控制和远方控制。一般 110kV 及以下隔离开关采用就地控制，220kV 及以上隔离开关采用远方控制。接地开关一般采用就地操作方式。按施于隔离开关操作机构的动力，隔离开关可分为手动、电动、气动和液压操作等类型。手动操作只能就地控制，其他几种均可实现就地和远方控制两种方式。隔离开关的操作机构，是一套机械杠杆机构，对于手动操作的隔离开关，就是以人的手臂力量对其施加转矩来完成分、合闸操作；电动操作则是电机的转矩代替人手臂的力量，而气动和液压传动则是借助介质来传递转矩。除手动操作方式外，其他操作方式都需为其控制回路提供操作电源来完成操作。

根据隔离开关和接地开关的结构特征及运行要求，为防止对隔离开关或接地开关的误操作，隔离开关的操作控制回路需满足以下构成原则：

（1）由于隔离开关没有灭弧机构，不允许切断及接通负载电流，因此控制回路必须受相应断路器的闭锁，以保证断路器在合闸状态下，不能操作隔离开关。

（2）为防止带接地合隔离开关，其控制回路必须受接地开关的闭锁，以保证接地开关在合闸状态下，不能操作隔离开关。

（3）操作脉冲应是短时的，完成操作后，应能自动解除。

（4）隔离开关应有所处状态的位置信号。

为防止隔离开关的误操作，需对隔离开关加装误操作闭锁措施。闭锁措施有机械方式的和电气方式的，本章介绍电气闭锁措施。

一、手动操作的隔离开关的操作及闭锁措施

手动操作的隔离开关示意图如图 6-1 所示。设图 6-1 中隔离开关为合闸位置。进行分闸操作时，顺时针拉动操作手柄，使之以固定转轴为圆心转动，带动连杆机构使隔离开关主触头分开，完成分闸操作后，手柄下端锁孔与分闸位置锁孔重合。同理，由分闸位置进行合闸操作时，逆时针拉动操作手柄，带动连杆机构使隔离开关合闸，合闸完成后，手柄下端锁孔与合闸位置锁孔重合。但是，无论操作手柄在合闸位置还是分闸位置，都有一个栓销将其下端锁孔与合闸位置锁孔或分闸位置锁孔插在一起锁定，如要操作隔离开关，必须在操作之前

将锁定栓销拔出，是手动操作的隔离开关进行分、合闸操作的前提条件。可见，锁定栓销的作用一是将隔离开关固定在合闸或分闸的限位位置，二是栓销在插入的状态下，操作机构被锁定，不能对隔离开关进行合闸或分闸操作。

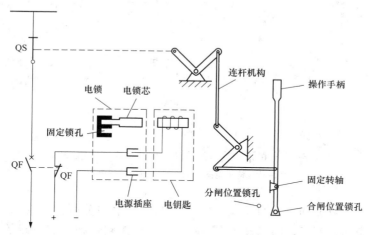

图 6-1　手动操作隔离开关示意图

　　对于手动操作的隔离开关的误操作闭锁措施，取决于锁定栓销是否只能在对隔离开关进行正确操作的条件下才被拔出，否则不能拔出，从而达到防止可能出现的误操作的目的，具体实现方法如图 6-1 所示。图 6-1 中电锁内的电锁芯（锁定栓销）是由电钥匙内的电磁铁在其线圈得电后产生的电磁吸力从固定锁孔中拔出的，而电锁内电源插座是否有电则是由回路断路器动断辅助触点 QF 是否接通来决定的。动断辅助触点 QF 为接通时，表示回路断路器 QF 为分闸状态，此时电磁锁电源插座有电压，可以对隔离开关 QS 进行操作；动断辅助触点 QF 为断开时，表示回路断路器 QF 为合闸状态，此时电磁锁电源插座没有电压，无法用电钥匙拔出锁定栓销，也就不能对隔离开关 QS 进行操作。

　　综上所述，手动操作的隔离开关，由人的手臂力量进行操作，不需要操作电源。而对其误操作的闭锁措施，除操作票、操作监护等操作流程上的保证外，技术上是以电磁锁这样的电气闭锁装置来实现防误操作的。

二、电动操作的隔离开关的操作回路及闭锁措施

　　电动操作的隔离开关，泛指需要提供操作电源对隔离开关进行分、合闸操作的隔离开关，包括利用电机转矩驱动连杆机构对隔离开关进行操作及利用媒质传动转矩进行操作的气动、液压等操作方式的隔离开关。以下以利用电机转矩驱动连杆机构操作隔离开关的电动操作回路为例，介绍电动操作的隔离开关的控制回路及闭锁措施。

　　1. 电机单向旋转的隔离开关电动操作回路

　　图 6-2 为电机单向旋转方式对隔离开关进行分、合闸操作的传动机构示意图及操作回路原理图。图 6-2（a）中的 SL 为传动机构上的机械触点，当转盘上的凸起结构经过此机械触点时，将其断开，从而使其动断辅助触点在图 6-2（b）中断开操作电源回路，电机停转，起到限位开关的作用。图 6-2（b）中，SB1、SB2 分别为合闸、分闸按钮，用于对隔离开关的合、分闸操作。

　　对电动操作的隔离开关的闭锁，是由串联于操作电源回路中的断路器动断辅助触点 QF

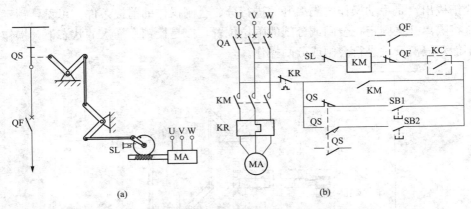

图 6-2　电机单向旋转的传动机构及操作回路原理图

（a）传动机构示意图；（b）操作回路控制原理图

来体现的。如图 6-2（b）所示，只有在一次回路的断路器在分闸位置时，才能操作隔离开关，否则操作电源回路不通，即不能操作隔离开关。将断路器动断辅助触点串联于隔离开关的操作电源回路，是对隔离开关操作闭锁的必要条件，但是并不是在任何情况下都能成为闭锁的充分条件，因为随着一次接线的变化，对隔离开关的操作闭锁要求也随之变化，有时需要满足多项条件才允许操作隔离开关。这些条件的满足，通常以相应闭锁回路中的中间继电器 KC 的动合触点来体现，以 KC 的动合触点与断路器动断辅助触点串联，以"与"的关系在电动操作回路中实现对隔离开关的操作闭锁。需要指出的是，所谓隔离开关操作闭锁措施，是在某些情况下使隔离开关不能被操作的措施，其目的是防止隔离开关的误操作，因此也可称为隔离开关误操作闭锁措施。

2. 电机正、反向旋转的隔离开关电动操作回路

对比电机单向旋转的隔离开关操作方式，电机正、反向旋转则是以正转为合闸，反转（通过接触器 KM2 下端 B、C 相接线互换实现）为分闸的隔离开关操作方式。

电机正、反向旋转的隔离开关电动操作回路如图 6-3 所示。图中，SB1、SB2 分别为正

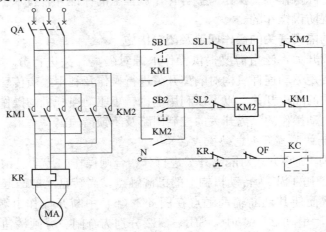

图 6-3　电机正、反向旋转的隔离开关电动操作回路

转（合闸）按钮和反转（分闸）按钮；SL1、SL2 分别为正转（合闸位置）和反转（分闸位置）限位开关动断辅助触点。正转接触器动断辅助触点 KM1 接于反转接触器线圈 KM2 回路中，以及反转接触器动断辅助触点 KM2 接于正转接触器线圈 KM1 回路中，以形成正、反转间的相互闭锁关系。操作电源回路中，断路器动断辅助触点 QF 与中间继电器动合触点 KC 的作用与图 6-2 中相同。

第二节　隔离开关及接地开关操作闭锁回路

对隔离开关及接地开关设置操作闭锁的目的，是防止隔离开关或接地开关的误操作。误操作隔离开关或接地开关将会发生一次系统短路、接地事故及由隔离开关或接地开关合闸、分闸时所产生的电弧对设备和人身的伤害事故。在操作闭锁回路中，需将断路器的动断辅助触点串联于电动机操作电源回路中（对于手动操作的隔离开关及接地开关，则是将此触点串联于电磁锁插座电源回路中），表示只有在断路器处于分闸位置时才能操作相应隔离开关及接地开关，断路器在合闸位置时则不能操作隔离开关及接地开关。但是，随着一次接线型式及运行方式、隔离开关或接地开关的安装位置和操作方式的不同，对隔离开关及接地开关的操作闭锁也随之不同。一般讲，一次接线越复杂，对其中隔离开关或接地开关的操作闭锁条件也越复杂。因此，只有断路器位置状态构成的一个闭锁条件往往不够充分，需要与其他闭锁条件配合，以实现对隔离开关及接地开关的操作闭锁的目的。

在具体操作闭锁回路中，对于手动操作的隔离开关或接地开关，由其电磁锁电源插座有无电压来体现；对于电动操作的隔离开关或接地开关，由表达闭锁逻辑关系的中间继电器的动合触点是否闭合来体现。以下介绍几种常见一次接线的隔离开关及接地开关的操作闭锁回路。

一、单母线出线回路的隔离开关操作闭锁回路

设隔离开关为手动操作，图 6-4 为单母线的出线回路隔离开关操作闭锁回路图。图 6-4 中，YA1、YA2 分别为隔离开关 QS1 和 QS2 的电磁锁电源插座。由图 6-4 可见，单母线接线的线路隔离开关操作闭锁条件较为简单，只取决于线路断路器 QF 的位置状态。当断路器处于分闸位置时，其动断辅助触点在闭锁回路中为接通状态，则 YA1、YA2 均有电压，表示 QS1、QS2 均能操作，反之，当 QF 处于合闸位置时，QS1、QS2 均不能操作。

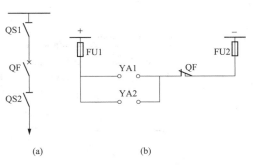

图 6-4　单母线出线回路隔离开关操作闭锁回路
（a）一次回路；（b）闭锁回路

二、单母线分段带旁路（断路器为分段兼旁路）的隔离开关操作闭锁回路

单母线带旁路接线的隔离开关操作闭锁回路如图 6-5 所示。图 6-5 中，以 YA1～YA5 分别表示隔离开关 QS1～QS5 的电磁锁电源插座。

图 6-5（a）中的一次回路图 6-5（b）闭锁回路给出，闭锁条件为：

（1）断路器 QF 和隔离开关 QS3 都在分闸位置，可操作隔离开关 QS1。

（2）断路器 QF 和隔离开关 QS4 都在分闸位置，可操作隔离开关 QS2。

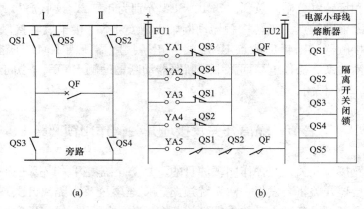

图 6-5　单母线带旁路接线隔离开关操作闭锁回路

（a）一次回路；（b）闭锁回路

（3）断路器 QF 和隔离开关 QS1 都在分闸位置，可操作隔离开关 QS3。

（4）断路器 QF 和隔离开关 QS2 都在分闸位置，可操作隔离开关 QS4。

（5）断路器 QF 和隔离开关 QS1、QS2 都在合闸位置，可操作隔离开关 QS5。

三、双母线出线及母联回路的隔离开关闭操作锁回路

设隔离开关为手动操作。图 6-6 为一次接线为双母线的出线及母联回路隔离开关操作闭锁回路图。图 6-6 中，YA1、YA2、YA3 分别为线路隔离开关 QS1、QS2、QS3 的电磁锁电源插座；YAB1、YAB2 分别为母联回路隔离开关 QSB1、QSB2 的电磁锁电源插座；QF、QFB 分别为出线回路断路器和母联回路断路器；M880 为线路隔离开关操作闭锁小母线，只有在母联回路的断路器 QFB 和其两个隔离开关 QSB1、QSB2 均在合闸位置时，M880 才由 QFB、QSB1、QSB2 的动合辅助触点闭合而与操作电源负极连通。

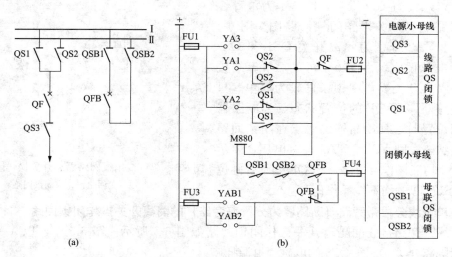

图 6-6　双母线接线出线及母联回路隔离开关操作闭锁回路

（a）一次回路；（b）闭锁回路

图 6-6（a）一次回路中，线路及母联回路的隔离开关（共五个）的闭锁条件如图 6-6（b）所示，叙述如下：

（1）只要线路断路器 QF 为分闸位置，就可操作线路负荷侧隔离开关 QS3。

（2）线路断路器 QF、线路Ⅱ母线隔离开关 QS2 均为分闸位置，则可以操作线路Ⅰ母线隔离开关 QS1；线路断路器 QF 为分闸位置、线路Ⅱ母线隔离开关 QS2 为合闸位置时，则必须母线回路为投入状态，即 QFB、QSB1、QSB2 均为合闸时，才可以操作线路Ⅰ母线隔离开关 QS1。同理，当线路断路器 QF、线路Ⅰ母线隔离开关 QS1 均为分闸位置，则可以操作线路Ⅱ母线隔离开关 QS2；线路断路器 QF 为分闸位置、线路Ⅰ母线隔离开关 QS1 为合闸位置时，则必须母线回路为投入状态，即 QFB、QSB1、QSB2 均为合闸时，才可以操作线路Ⅱ母线隔离开关 QS2。

（3）只要母联断路器 QFB 为分闸位置，就可操作母联回路两个隔离开关 QSB1 和 QSB2。

四、带接地开关的双母线出线及母联回路隔离开关及接地开关操作闭锁回路

带接地开关的双母线出线及母联回路一次接线如图 6-7 所示。

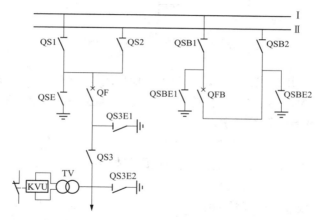

图 6-7　带接地开关的双母线出线及母联回路一次接线图

图 6-7 中，QSE 为接于母线Ⅰ和母线Ⅱ的线路母线侧隔离开关 QS1 和 QS2 的接地开关；QS3E1、QS3E2 为线路出线侧隔离开关 QS3 两侧的接地开关；QSB1、QSB2 和 QSBE1、QSBE2 分别为母联回路隔离开关和接地开关；QF、QFB 分别为线路和母联回路断路器。设图 6-7 中，主回路中隔离开关为电动操作，接地开关为手动操作。以下分述图 6-7 中母联回路和出线回路的隔离开关及接地开关的操作闭锁回路。

1. 母联回路隔离开关及接地开关闭锁回路

图 6-8 中母联回路隔离开关及接地开关操作闭锁回路如图 6-8 所示。图 6-8 中各隔离开关和接地开关的闭锁条件为：

（1）当母联断路器 QFB 及其两侧的接地开关 QSBE1、QSBE2 均在分闸位置时，中间继电器 KC1、KC2 励磁动作，其动合触点分别接通 QSB1、QSB2 的操作电源回路，则可对 QSB1 和 QSB2 进行分、合闸操作。反之，若母联回路断路器 QFB 及两侧接地开关 QSBE1、QSBE2 中任何一个设备处于合闸位置，则不能对 QSB1 或 QSB2 进行分、合闸操作。

（2）母联回路接地开关 QSBE1、QSBE2 必须在母联回路断路器 QSB 及其两侧隔离开关 QSB1、QSB2 均在分闸位置时，才能进行操作。

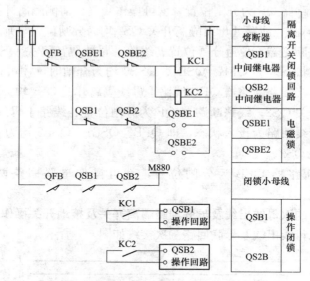

图 6-8　母联回路隔离开关及接地开关操作闭锁回路

图 6-8 中，M880 为用于出线回路隔离开关的操作闭锁小母线，由母联回路设备 QFB 及 QSB1、QSB2 的动合辅助触点串联接至操作电源正极给出。手动操作的接地开关的电磁锁插座符号由对应的接地开关符号表示。

2. 出线回路隔离开关及接地开关闭锁回路

图 6-7 中出线回路隔离开关及接地开关闭锁回路如图 6-9 所示。图中各隔离开关和接地开关的闭锁条件为：

（1）对于接于母线 I 的线路隔离开关 QS1，当线路断路器 QF、接地开关 QSE 和 QS3E1、母线 II 侧隔离开关 QS2 均在分闸位置时，中间继电器 KC3 励磁动作，其动合触点接通 QS1 操作电源回路，则可以操作 QS1；当上述其他条件不变，只是 QS2 在合闸位置时，则需附加母联回路为投入状态的条件（此时闭锁小母线 M880 连通至操作电源正极），才能操作 QS1。对于接于母线 II 的线路隔离开关 QS2，其闭锁逻辑关系与 QS1 同理，当线路断路器 QF、接地开关 QSE 和 QS3E1、母线 I 侧隔离开关 QS1 均在分闸位置时，中间继电器 KC4 励磁动作，其动合触点接通 QS2 操作电源回路，则可以操作 QS2；当上述其他条件不变，只是 QS1 在合闸位置时，则需附加母联回路为投入状态的条件（此时闭锁小母线 M880 连通至操作电源正极），才能操作 QS2。

（2）线路出线侧隔离开关 QS3，只有在断路器 QF、接地开关 QSE、QS3E1、QS3E2 均在分闸位置时，中间继电器 KC5 励磁动作，其动合触点接通 QS3 操作电源回路，才能操作 QS3。

（3）接地开关 QSE、QS3E1，只有在断路器 QF 及隔离开关 QS1、QS2、QS3 均为分闸位置时，其电磁锁插座上才有电压，即才能操作 QSE、QS3E1。

（4）线路出线侧接地开关 QS3E2，只需线路出线侧隔离开关 QS3 为分闸位置，且线路侧无电压（由线路电压互感器 TV 的电压监视继电器 KVU 的动断触点闭锁）时，其电磁锁插座上有电压，就能操作 QS3E2。

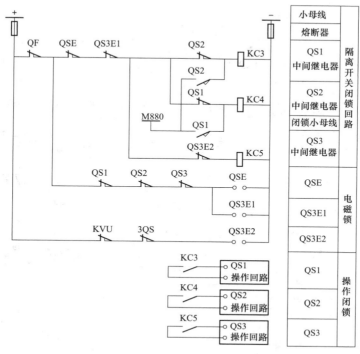

图 6-9　线路隔离开关及接地开关的操作闭锁回路

图 6-9 中，手动操作的接地开关的电磁锁插座符号由其对应接地开关符号表示。

五、$1\frac{1}{2}$ 断路器接线隔离开关及接地开关操作闭锁回路

$1\frac{1}{2}$ 断路器接线隔离开关及接地开关闭锁回路如图 6-10 所示。

设图 6-10（a）所示一次回路的隔离开关和接地开关均为手动操作。上述手动操作的隔离开关（或接地开关）能否操作由其电磁锁插座是否有电压决定，具体闭锁条件在图 6-10（b）闭锁回路中体现。对于由隔离开关本体附带的接地开关，在隔离开关与其附带接地开关之间装设了机械闭锁装置，即附带接地开关的操作受其隔离开关位置状态的闭锁，如隔离开关在合闸位置，则其接地开关的操作机构由机械卡点锁定而不能操作，即具有机械、电气双重闭锁。

图 6-10 中各隔离开关及接地开关的电气闭锁条件为：

（1）只有断路器 QF1 三相均处于分闸位置，其两侧隔离开关和接地开关 QS11、QS12 和 QSE11、QSE12 才能操作，见图 6-10（b）中支路 1，支路 2 和支路 3 中的隔离开关和接地开关的闭锁与支路 1 同理。

（2）馈线（或变压器）侧的隔离开关 QS4（或 QS5），必须在其两分支的断路器 QF1 和 QF2（或 QF2 和 QF3）三相均在分闸位置时，才能操作，见图 6-10（b）中支路 4（或支路 5）。

（3）馈线线路侧的接地开关 QSE4，必须在该点无电压时，才能操作，见图 6-10（b）

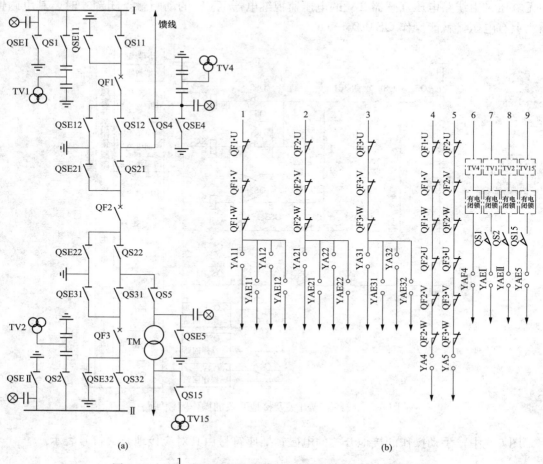

图 6-10　1 $\frac{1}{2}$ 断路器接线隔离开关及接地开关操作闭锁回路

(a) 一次回路；(b) 闭锁回路

中支路 6。

（4）母线上的接地开关 QSE I（或 QSE II），必须在母线无电压时，才能操作，见图 6-10（b）中支路 7（或支路 8）。

（5）变压器侧的接地开关 QSE5，必须在该点无电压时，才能操作，见图 6-10（b）中支路 9。

第三节　隔离开关的位置指示器

为了运行人员随时可以监视高压隔离开关的位置状况，对于经常操作的高压隔离开关，通常在其控制屏的模拟接线图上装设隔离开关的电动位置指示器；对于不经常操作的，一般用手动的隔离开关位置指示器来指示器分、合闸位置。

手动高压隔离开关位置指示器采用深色材料加工成模拟指示条，安装在控制屏模拟图相应位置上，在操作完隔离开关后随即拨动其位置指示器，使之与隔离开关实际位置保持一致。

　　电动隔离开关位置指示器能自动跟踪隔离开关实际位置，显示隔离开关的当前位置状况。MK-9T 型电动高压隔离开关位置指示器的结构如图 6-11 所示。指示器由一个固定的 U 型电磁铁、磁化衔铁及黑色标示条构成。U 型电磁铁上有两个电磁线圈，黑色标示条随磁化衔铁在电磁铁的磁场驱动下旋转，根据电磁铁两个线圈的励磁状况，标识条有三个位置：垂直位置、水平位置和倾斜 45°角位置。当两个电磁线圈均无电流流过时，内部弹簧将标示条置于倾斜 45°角位置；当图 6-11 （c）中的线圈的 1-3 端子接通电源流过电流时，衔铁逆时针旋转 45°角，标示条停留在垂直位置（指示隔离开关合闸）；当图 6-11 （c）中的线圈的 1-2 端子接通电源流过电流时，衔铁，顺时针旋转 45°角，标示条停留在水平位置（指示隔离开关分闸）。将两个线圈的外电路按对应关系接入隔离开关的辅助触点，即可实现黑色标示条正确指示隔离开关实际位置的目的。

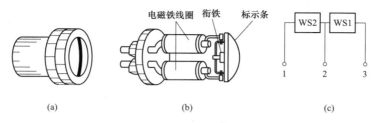

图 6-11　MK-9T 型电动高压隔离开关位置指示器
（a）外形；（b）内部结构；（c）驱动电路

　　图 6-12 为某输电线路的隔离开关位置指示器二次接线及指示状态图。当线路正常运行时，断路器 QF 及其两侧隔离开关 QS1、QS2 均在合闸位置。由于此时两隔离开关的动合辅助触点 QS1、QS2 均为闭合，位置指示器的 QS1-WS1 及 QS2-WS1 线圈分别通过其 1-3 端子接通电源，使两指示器黑色标示条均停留在垂直位置，显示状态如图 6-12 （b）中的"运行"所示；当线路停电时，先拉开断路器 QF，再拉其两侧隔离开关 QS1 和 QS2，两隔离开关的动合辅助触点随之断开，而动断辅助触点转为闭合，位置指示器的 QS1-WS1 及 QS2-WS1 线圈分别通过其 1-2 端子接通电源，使两指示器黑色标示条均停留在水平位置，显示状态如图 6-12 （b）中的"停电"所示。

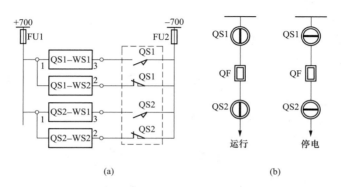

图 6-12　输电线路隔离开关位置指示器二次接线及指示状态图
（a）二次回路；（b）控制屏上的模拟接线图

1. 为什么要对隔离开关及接地开关设置操作闭锁？

2. 隔离开关及接地开关有哪些操作方式？

3. 以图 6-6 为例，设母联回路各设备均在分闸状态，说明将在母线 I 上运行的线路切换至母线 II 上运行的开关操作顺序。

第七章 同 期 系 统

第一节 概 述

　　电力系统中的同期（也称同步）操作，是为了将发电机连接到电力系统运行发电，以及将两个分立运行的电力系统连接在一起并列运行。为了限制两个系统（发电机也可以看做是一个容量一定的电力系统）并列时产生的冲击电流，同期操作需要满足一定的条件。如果并列时操作不当，并列瞬间产生的冲击电流将会造成电气设备损坏、电力系统发生振荡甚至瓦解的严重事故。因此，同期操作是电力系统中一项重要的操作。

　　对同期并列操作的理想要求为：

　　（1）合闸瞬间冲击电流和冲击力矩为零；

　　（2）并列后系统间即保持稳定的同步运行。

　　对同期并列操作的实际要求为：

　　（1）并列时，冲击电流和冲击力矩不应超过允许值；

　　（2）并列后，发电机应能迅速被拉入同步（或系统间能迅速进入同步）。

　　由此可见，实际上的同期并列操作是以理想要求为目标，而把相关参数的误差限制在一定范围内，从而达到平稳并列的目的。

　　两个独立运行的系统并列时，冲击电流与合闸瞬间断路器两侧电压相量差成正比，而与两系统间的等效阻抗成反比，而并列后能否尽快进入同步状态，取决于两系统的相序和频率差。由于等效阻抗已经确定，相序也在安装调试的阶段确定完毕，因此只要在合闸瞬间保证同期断路器两侧对应相电压幅值、频率、相位相同，就能满足同期操作的理想要求。

　　同期系统是以完成上述并列基本要求为目标，由同期装置及相关二次接线构成的用于同期操作的系统。一般讲，同期操作采用"一对 N"的方式进行，即发电厂（或变电站）中设置一套同期系统，而各需要操作同期的断路器，在不同的时间段将其两侧电压引入该系统进行同期操作，同一时间段内只允许一台断路器（一点）进行同期操作。发电厂中，由于发电机每次投入运行都需经过同期操作，而运行方式的改变也可能需要同期操作，故同期操作机会较多；变电站中，由于各级电压等级联络线较多，完全退出系统从而再次接入系统的机会较少，故同期操作的机会也较少。

一、同期点的设置

　　所谓同期点，是指附带同期并列操作功能的断路器。在发电厂和变电站中，当断路器分闸后，其两侧有可能出现不同系统的电源，即其两侧的电压、频率、相位可能有所不同时，此断路器就是可能的同期点。一般从发电机出口经串联关系到系统联络线回路中的断路器、不同电压等级联络回路中的断路器，都有操作同期并列的机会，如图 7-1 所示。

　　（1）发电机出口断路器（图中 QF2）及主变压器高（中）压侧断路器（图中 QF1）是同期点，也是进行同期操作最频繁的断路器。

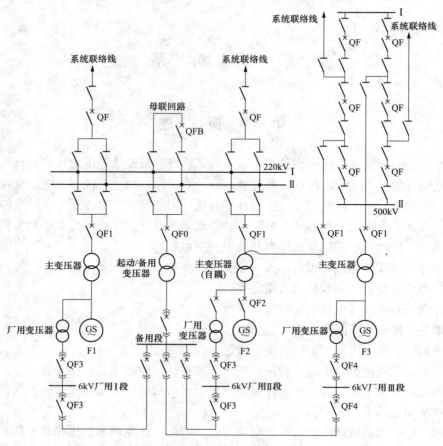

图 7-1　同期点设置示意图

（2）系统联络线的线路断路器（图中 QF）都是同期点。

（3）母联回路断路器（图中 QFB）是同期点。它是同一母线上所有电源元件的后备同期点。

（4）自耦变压器或三绕组变压器的三侧断路器都是同期点。这是为了减少并列时可能出现的倒闸操作，以保证事故时迅速可靠的恢复供电。

（5）厂用 6kVⅢ段母线断路器（图中 QF4）是同期点。因为其厂用电源侧引自 500kV 系统，而备用电源侧引自 220kV 系统。反之，厂用 6kVⅠ段和Ⅱ母线断路器（图中 QF3）就不是同期点，因为它们的厂用与备用电源引自同一系统。

二、同期并列的方法

同期并列有准同期和自同期两种方法。

1. 准同期并列

准同期并列操作方法是将待并列发电机转速升至接近同步转速后投入励磁回路，调整发电机机端电压至接近运行侧系统电压，在发电机（待并系统）侧与运行系统侧的压差、频差满足给定条件时，选择在零相角差到来前的适当时刻向断路器发出合闸脉冲，以期躲过断路器固有合闸时间，在相角（相位）差为零时完成并列。

准同期的"准"字体现在需要严格遵照限定条件操作，所以手动方式的准同期并列要花费的时间较长，也可能由于操作人员的误操作造成非同期并列。但是由于准同期并列时冲击电流较小，不会引起系统电压降低，从而获得广泛应用。准同期并列不仅适用于发电机并入电力系统，也适用于两个系统间的并列，所以一般汽轮发电机组及变电站都采用准同期并列的方法。

2. 自同期并列

自同期并列的操作方法是将待并发电机升至接近同步转速〔正常并列时转差率为±(1～2)%；事故情况下允许转差率为±5%，甚至更大些〕，在未加励磁的情况下，合上发电机出口断路器，然后再合上发电机励磁回路开关给发电机加上励磁，在电磁力矩的作用下发电机被拉入与系统同步运行。

自同期并列的操作方法决定了在合闸瞬间的冲击电流不可避免。因此，发电机能否采用自同期并列，必须通过计算分析来确定。自同期并列时相当于将一个大容量的电感线圈接入系统，即相当于系统经过其值很小的待并发电机纵轴次暂态电抗发生短路。因此，合闸瞬间冲击电流较大，最大冲击电流周期分量为

$$I = \frac{U_S}{x''_d + x_S}$$

式中：x''_d 为归算后的待并发电机纵轴次暂态电抗；x_S 为归算后的电力系统等值电抗；U_S 为归算后的电力系统电压。

由于自同期并列时冲击电流较大，会引起电力系统电压暂时降低，因此有关规程规定：对单机容量在 100MW 以下的汽轮发电机，当最大冲击电流不超过额定电流 I 的 $0.74/x''_d$ 倍时，才允许采用自同期并列；对于各种容量的水轮发电机和同步调相机，可采用自同期并列；两个系统之间的并列不能采用自同期并列。

自同期并列的优点是：并列过程迅速，一般只需几分钟就可完成，这在系统急需功率的情况下，对系统稳定具有特别重要的意义；操作简单，不存在准同期并列的限定条件，减少了误操作的可能性，易于实现操作过程的自动化；在系统电压和频率因故障低至不符合准同期并列条件时，为将发电机投入系统提供了可能性。

可见，自同期并列虽然没有像准同期并列那样的限定条件，但也有其操作方法和步骤，而不是不加限制的随意操作，对能否采用自同期并列，也有相应规定。由于冲击电流的存在，自同期并列的操作方法不能达到同期操作的理想要求。

第二节 准同期并列的原理和条件

一、准同期并列原理

发电机准同期并列示意图如图 7-2 所示。图 7-2 (a) 为一次回路图，当同期点断路器 QF1 按同期操作条件合闸，将待并发电机并入电力系统后，如 QF2 跳闸，则其两侧呈现不同系统的电源，也需按照同期条件合闸并列运行。图 7-2 (b) 为待并发电机与系统的电压波形图，图 7-2 (c) 为滑差电压波形图。

滑差电压（也称正弦整步电压）是系统电压和待并发电机电压的差值构成的一个合成电压，滑差电压对分析同期点两侧电压的变化规律及同期系统中相关表计的指示和同期检查继

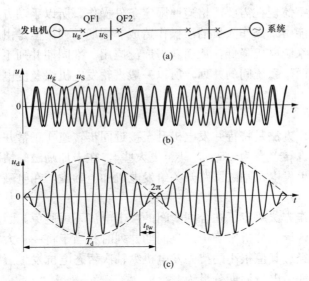

图 7-2 发电机准同期并列示意图

（a）一次回路；（b）发电机和系统电压波形图；（c）滑差电压波形图

电器的动作等指导准同期操作的各方面都具有重要作用。下面以图 7-2 为例，介绍滑差电压的表达式及其变化规律。

设同期点（QF1）系统侧电压为

$$u_S = U_S \sin(\omega_S t + \varphi_{S0}) \tag{7-1}$$

式中：U_S 为系统电压幅值；ω_S 为系统电压角频率；φ_{S0} 为系统电压初相角。

则系统电压在 t 时刻的相角为 $\omega_S t + \varphi_{S0}$。同期点发电机侧电压为

$$u_g = U_g \sin(\omega_g t + \varphi_{g0}) \tag{7-2}$$

式中：U_g 为发电机电压幅值；ω_g 为发电机电压角频率；φ_{g0} 为发电机电压初相角。

则发电机侧电压 t 时刻的相角为 $\omega_g t + \varphi_{g0}$。

式（7-1）和式（7-2）分别反映了运行系统和待并发电机电压的幅值、角频率和相角这三个重要参数，这三个参数也称为电压的状态量。在并列操作前，同期点两侧的电压的状态量通常是很难达到绝对相等的。

按照定义，滑差电压为

$$u_d = u_S - u_g = U_S \sin(\omega_S t + \varphi_{S0}) - U_g \sin(\omega_g t + \varphi_{g0})$$

为了讨论问题方便及使表达式结果清晰，设系统电压幅值和发电机电压幅值相等，初相角都为零（把两者从零初相角时开始比较），滑差电压角频率为系统电压角频率和发电机电压角频率之差，即 $U_S = U_g = U_m$；$\varphi_{S0} = \varphi_{g0} = 0$；$\omega_d = \omega_S - \omega_g$。

则有

$$u_d = u_S - u_g = U_m \sin\omega_S t - U_m \sin\omega_g t = 2U_m \sin\frac{\omega_d}{2}t \cos\frac{\omega_S + \omega_g}{2}t \tag{7-3}$$

也可以用几何的方法，以 u_S 的瞬时值减 u_g 的瞬时值得到 u_d 的波形，如图 7-2（c）所示。滑差电压 u_d 是一个角频率为（$\omega_S + \omega_g$）/2，幅值为 $2U_m \sin\frac{\omega_d}{2}t$ 的按正弦规律变化的电

压。由式（7-3）可知，滑差电压的幅值变化规律为

$$2U_\mathrm{m}\sin\frac{\omega_\mathrm{d}}{2}t \tag{7-4}$$

由于并列前系统电压频率和发电机电压频率不相等，u_s 与 u_g 之间的相角差 $\delta=\omega_\mathrm{d}t$ 随时间 t 以 $0\sim2\pi$ 为周期变化，期间 u_d 的幅值也随之由小到大周期变化。$\delta=0$ 时，$u_\mathrm{d}=0$；$\delta=\pi$ 时，u_d 达到最大幅值 $2U_\mathrm{m}$。δ 从 0 到 2π 的时间，即相邻滑差电压幅值为零的时间，就是滑差电压 u_d 的周期 T_d。

由滑差电压波形的变化规律可知，当滑差电压幅值为零时，对应系统电压和发电机电压为同相位，即两者相角差为零的时刻，滑差电压周期的长短也反映两侧电压频差的大小，滑差电压周期越长表示两侧电压频差越小，反之则越大。因为滑差电压的变化规律包含了准同期并列的同期点两侧电压的电压差、频率差和相角差的变化规律和特点，所以可以利用滑差电压包络线波形变化规律实现准同期合闸操作。

滑差电压的变化规律也可用图 7-3 加以说明，图 7-3 是系统电压、发电机电压、滑差电压相量位置变化图。设同期前发电机电压幅值已调整到与系统电压幅值相等，但由于二者间频率差的存在，使得两电压相量有相对转动，其相角差在 $0\sim360$ 度之间变化。设系统电压相量固定不动，发电机电压相量相对系统电压相量转动，图 7-3 中"12 点"位置，表示系统电压与发电机电压同相位，此时相角差零，电压差也为零，如频率差也在允许范围，则此点即为同期时刻。图 7-3 中"6 点"位置，表示系统与发电机电压相角差 180 度，电压差也就是滑差电压幅值达到最大值，其值为系统电压（或发电机电压）幅值的 2 倍。图中其他位置也反映了对应的滑差电压的幅值和相位的变化特征。

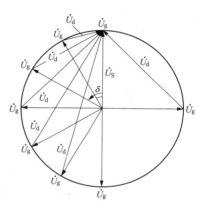

图 7-3 系统电压、发电机电压、滑差电压相量位置变化图

需要指出的是，通过调速、调节励磁的方法，可以调整待并发电机的频率和电压，使之与系统侧对应参数接近到误差允许范围而满足准同期并列的相应条件，但两侧电压的相位差这一参数不能通过调整的方法来改变（没有调整的对应目标），而只能通过等待的方法来满足此项参数要求。在电压差和频率差满足要求的前提下，由于断路器合闸机构从接受合闸命令到完成断路器主触头闭合需要一个固有合闸时间，所以为了满足相角差的要求，必须提前一个时间 t_fw 发出合闸命令，使断路器主触头在两侧电压相角差为零的瞬间闭合，实现发电机在同时满足准同期并列各条件下平稳并入系统。

二、准同期并列条件

在保证同期两侧相序一致的前提下，理想的准同期并列操作的条件为：

（1）同期点（操作同期并列的断路器）两侧电压幅值相等或电压差为零（$U_\mathrm{g}=U_\mathrm{s}$ 或 $\Delta u=0$）；

（2）同期点两侧电压频率相等或频率差为零（$f_\mathrm{g}=f_\mathrm{s}$，$\omega_\mathrm{g}=\omega_\mathrm{s}$ 或 $\Delta f=0$，$\Delta\omega=0$）；

（3）同期点两侧电压相位一致或相角差为零（$\delta=0$）。

理想条件等于是同期并列瞬间两侧电压的三个状态量全等。假如在同时满足上述理想条

件下并列合闸，则冲击电流为零，发电机迅即进入与系统同步运行，对系统无任何冲击。但在实际操作中，上述任一条件都很难精确满足，更难以同时满足，实际上也没有这样苛求的必要，只要将各项条件控制在各自的误差允许范围即可。因此，准同期并列操作的实际条件为：

(1) 电压差 $\Delta u \leqslant 10\% U_N$；

(2) 频率差 $\Delta f = \pm (0.05 \sim 0.25)$ Hz；

(3) 并列合闸瞬间相角差 $\delta \leqslant \delta_{en}$（一般为 $\delta \leqslant 10°$）。

同期操作时，只要同时满足上述实际条件，即可将并列时的冲击电流和冲击力矩限制在允许范围。

同期三条件对于理论和实际操作都具有重要意义。下面借助一个"物理的"或"机械的"例子，对电气上的对应条件加以比拟说明，以期更好的理解各条件对应的含义。

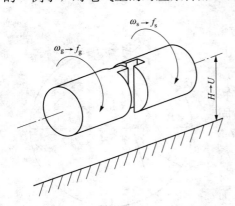

图 7-4　准同期并列三条件比拟说明图

图 7-4 为准同期并列三条件比拟说明图。以图中带凹槽的转轴和带凸板的转轴分别表示运行系统侧和待并发电机侧。按电气上的对应条件，首先将两个转轴调整至同一高度，此高度 H 代表同期条件之一的两侧电压相等；两轴旋转的角速度分别代表两侧频率，调至接近则表示频率差进入允许范围；同期的另一个条件，即相角差则由凸板和凹槽之间的夹角表示，此夹角随着由于两轴的转速差造成的相对转动而变化。在两轴高度、旋转速度满足限定要求的情况下，只待凸板与凹槽对正（夹角为零）时，将凸板轴推入凹槽轴，从而使两轴连轴旋转（比拟电气上的并网运行）。

需要说明的是，相序一致可以认为是同期并列的先决条件或隐含条件，此条件在安装调试阶段已经得到保证。如果同期断路器两侧电压相序不一致，则并列后永远不能进入同步运行，反而会引起系统非同步振荡，产生很大的脉动电流，破坏系统的稳定运行及损坏电气设备。因此，发电厂或变电站在投运前或相关电压互感器检修后，必须核对相序。另外，由于一次电压是由电压互感器二次电压来体现的，同期两侧电压互感器二次绕组的极性也必须接线正确，极性接反则在二次侧电压差显示为零时，恰好是一次电压差最大的时候，此时合闸也将造成严重的非同期合闸事故。

第三节　同期电压引入回路

同期电压的引入回路就是将同期断路器两侧的对应电压互感器二次侧电压，引入同期装置，以检测其是否满足并列条件的二次回路。同期系统中设有一组同期电压小母线，其作用是作为转接同期断路器两侧电压互感器二次电压至同期装置（同期表）的接线回路的中间环节。同期电压小母线平时不带电压，只有在进行同期操作时，才带有同期断路器两侧二次电压，同期电压小母线的设置，也随同期电压引入方式的不同有所不同。

由于发电厂（或变电站）中只设有一套同期系统，因此需要在操作同期时，将待并断路器两侧二次电压引入到同期系统中的同期电压小母线上，再由同期电压小母线引入到同期装置。各同期断路器两侧的电压引入回路，与一次接线方式、同期断路器在一次接线中的位置、对应电压互感器二次接线方式有关，也取决于同期装置（同期表）的接线方式，总体上有三相电压和单相电压两种引入方式。

一、三相接线方式同期电压的引入回路

当同期系统采用三相接线方式时，设有四个同期电压小母线，即系统电压小母线 L1′-620，待并系统电压小母线 L1-610、L3-610，共用接地小母线 L2-600。系统的两相电压由 L1′-620、L2-600 引入到同期装置，待并系统的三相电压由 L1-610、L3-610 和 L2-600 引入同期装置。

1. 发电机出口断路器和母联断路器同期电压的引入回路

发电机出口断路器和母联断路器同期电压的引入回路如图 7-5 所示。

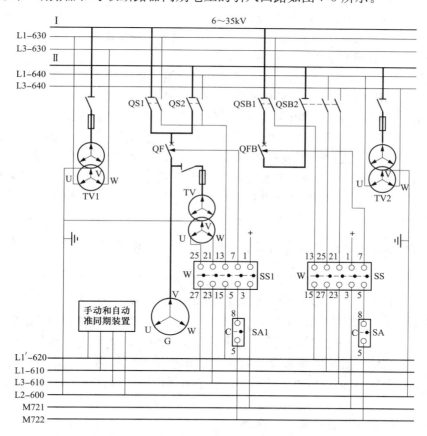

图 7-5 发电机出口断路器和母联断路器三相同期电压引入回路

当利用发电机出口断路器 QF 进行并列时，被引入的发电机侧同期电压是电压互感器 TV 的二次侧 U 相、W 相电压，此电压经过同期开关 SS1 的 25-27 和 21-23 触点分别引至同期电压小母线 L1-610 和 L3-610 上；被引入的系统侧同期电压是母线电压互感器 TV1（或 TV2）二次侧 U 相电压，此电压从其电压互感器二次侧电压小母线 L1-630（或 L1-640）经过隔离开关 QS1（或 QS2）动合辅助触点，再经过同期开关 SS1 的 13-15 触点引至同期电压小母线 L1′-620 上。经过 QS1 或 QS2 切换的目的，是确保引至同期电压小母线上的同期电压与所操作的断路器两侧系统的电压完全一致。当断路器 QF 经 QS1 接至 Ⅰ 母线时，应将 Ⅰ 母线上的电压互感器 TV1 的二次电压从其电压小母线 L1-630 引至同期电压小母线 L1′-620 上；当断路器 QF 经 QS2 接至 Ⅱ 母线时，应将 Ⅱ 母线上的电压互感器 TV2 的二次电压从其电压小母线 L1-640 引至同期电压小母线 L1′-620 上。可见，上述切换因利用了隔离开关的辅助触点，在倒闸操作的同时就得以自动完成。

当利用母联断路器 QFB 进行并列时，其两侧同期电压是由母线电压互感器 TV1 和 TV2 的电压小母线，经过隔离开关 QSB1 和 QSB2 的辅助触点及同期开关的对应触点，引至同期电压小母线上的。即 Ⅰ 母线的电压互感器 TV1 的二次 U 相电压，从其小母线 L1-630，经过 QSB1 的辅助触点，再经过同期开关 SS 的 13-15 触点，引至同期电压小母线 L1′-620 上；Ⅱ 母线的电压互感器 TV2 的二次 U、W 相电压，从其小母线 L1-640 和 L3-640，经过 QSB2 的辅助触点，在经过同期开关 SS 的 25-27 和 21-23 触点分别引至同期电压小母线 L1-610 和 L3-610 上。可见，此种引入接线方式 Ⅱ 母线视为待并系统，而 Ⅰ 母线为运行系统。

2. 双绕组变压器同期电压引入回路

如图 7-6（a）所示，对于具有 Yd11 接线的双绕组主变压器 TM，当利用其低压三角形接线侧的断路器 QF 进行并列时，同期电压分别从其高、低压侧电压互感器引出。

由于变压器 TM 高、低压侧电压相差 30°角，即三角形侧电压超前星侧 30°角，而其高、低电压侧电压互感器 TV1 和 TV 又都采用 Yy0 接线，它们的一、二次侧电压没有相位差。因此，TV1 和 TV 的二次侧电压也差 30°角，即 TV 的二次侧电压超前 TVI 二次电压 30°。如果同期电压直接采用这两个电压互感器的二次线电压进行比较检测，当同期装置检测同期电压为同相位时，意味着同期断路器两侧一次电压有 30°相位差，所以必须在同期电压回路中加入转角变压器 TR 对此 30°角相位差进行补偿。

常用的转角变压器 TR 的接线如图 7-6（b）所示。TR 的变比为 $100/\dfrac{100}{\sqrt{3}}$，绕组采用 D，y1 接线，即星形侧线电压相位落后三角形侧线电压 30°角。

主变压器 TM 低压三角形侧电压互感器 TV 的 U、W 相二次电压，从其电压小母线 L1-613 和 L3-613，经同期开关 SS 的 25-27、21-13 触点，分别引至转角小母线 L1-790 和 L3-790 上，再由转角小母线对应接至转角变压器 TR 的三角形绕组，则在转角变压器 TR 的星形侧即可得到与主变压器 TM 星形高压侧相位完全相同的同期电压，并将其接至同期电压小母线 L1-610、L3-610 上。可见，转角小母线平时无电压，只有在并列操作且需要转角时，才带有同期电压。

主变压器 TM 星形高压侧电压互感器 TV1 的二次电压，从其电压小母线 L1-630，经过隔离开关 QS 辅助触点、同期开关 SS 的 13-15 触点引至同期电压小母线 L1′-620 上。这种接线是把 TM 星形侧视为系统，三角形侧视为待并系统。

在三相接线同期电压引入回路中，除需设置四个同期电压小母线外，为了在同期并列时消除 Yd11 接线主变两侧电压相位的不一致，还需增设转角变压器和转角小母线。

需要注意的是，在具有 35kV 和 110kV 电压等级的发电厂和变电站中，可能会出现电压互感器二次侧 V 相接地和中性点接地并存的情况，为了同期并列，则需要增设隔离小母线和隔离变压器，以使中性点直接接地系统的同期电压经隔离小母线和隔离变压器变换为 V

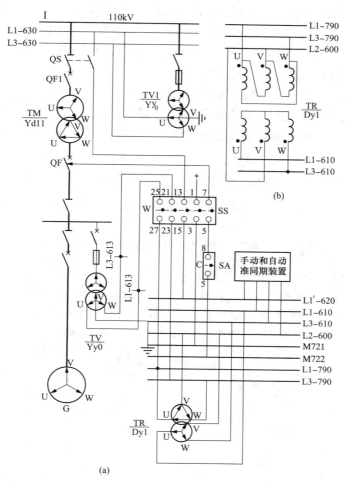

图 7-6 双绕组变压器三相同期电压引入回路

（a）系统图；（b）转角变压器接线图

相接地。

　　应该指出的是，图 7-6（a）中，是将主变压器 TM 低压侧（发电机侧）断路器 QF 作为同期操作断路器的，而图中同期电压引入回路也适用于对主变压器 TM 高压侧（系统侧）断路器 QF1 进行同期并列操作，特别是当大容量发电机与主变压器结成发电机-变压器组单元接线时，发电机出口至主变压器低压侧之间由封闭母线连接而不设断路器，此时也只能操作主变高压侧（电压通常为 220～500kV）断路器。另外，在图 7-6（a）中，是将发电机侧电压互感器二次电压经转角变压器变换相位后引至同期电压小母线上，再与系统同期电压进行比较的，也可以将系统侧电压互感器二次电压经转角变压器变换相位后引至同期电压小母线，再与发电机侧同期电压进行比较，按变换顺序，虽然转角变本身并无变化，但此时的转角变压器变比应视为 $\frac{100}{\sqrt{3}}/100$，接线组别为 Yd11。

二、单相接线方式同期电压的引入回路

　　同期系统采用单相接线方式时，通常设置三个同期电压小母线，即 L3′-620、L3-610 和

共用接地小母线 L2(N)-600。待并系统的电压由同期电压小母线 L3-610 和 L2(N)-600 引入同期装置；系统的电压由同期电压小母线 L3′-620 和 L2(N)-600 引入同期装置。单相接线和三相接线相比，减少了一相待并系统电压小母线（L1-610），又不需要设置转角变压器和隔离变压器，因其接线相对简单而广泛采用。

对于单相接线，同期电压的引入要求是：

（1）110kV 及以上中性点直接接地系统，电压互感器二次绕组采用中性点（N）接地方式时，同期电压取电压互感器辅助（开口三角形）二次绕组 W 相电压，即待并发电机电压 $\dot{U}_G$ 取为 $\dot{U}_{WN}$；系统同期电压 $\dot{U}_S$ 取为 $\dot{U}_{W'N}$，参见表 7-1。

（2）35kV 及以下中性点非直接接地系统，电压互感器二次绕组都采用 V 相接地时，两侧同期电压取对应电压互感器二次绕组的线电压，即 $\dot{U}_G$ 取为 $\dot{U}_{WV}$，$\dot{U}_S$ 取为 $\dot{U}_{W'V'}$（或 $\dot{U}_{W'V}$，因为 V 相为公共接地点）。

（3）对应 Y，d11 接线的双绕组变压器，变压器低压侧（待并系统）同期电压取其电压互感器（二次 V 相接地）二次绕组的线电压，即 $\dot{U}_G$ 取为 $\dot{U}_{WN}$。变压器高压侧（系统）同期电压可与零序功率继电器试验小母线取得一致，即 $\dot{U}_S$ 取为 $\dot{U}_{W'N}$。

可见在采用单相接线时，同期电压可根据发电厂或变电站的一次主系统的接线方式和其系统接地方式以及电压互感器的接线方式的特点，参照表 7-1 引入。

表 7-1　　　　　　　　　　　　　单相接线方式及向量图

同期方式	运行系统	待并系统	说　明
中性点直接接地系统母线之间			利用电压互感器辅助二次绕组的 W 相电压，即 $\dot{U}_{W'N}$ 和 $\dot{U}_{WN}$
中性点直接接地系统线路之间			
Yd11 变压器两侧系统			运行系统电压取电压互感器辅助二次绕组 W 相电压 $\dot{U}_{W'N}$，待并系统（V 相接地）取 $\dot{U}_{WN}$
中性点非直接接地系统			电压互感器二次均为 V 相接地，利用 $\dot{U}_{W'V'}$ 和 $\dot{U}_{WV}$

1. 发电机出口断路器和母联断路器同期电压的引入回路

发电机出口断路器和母联断路器同期电压的引入回路如图 7-7 所示。图 7-7 中，Ⅰ、Ⅱ母线为 6～35kV 系统。此系统属于中性点非直接接地系统，其电压互感器二次侧采用 V 相接地方式。

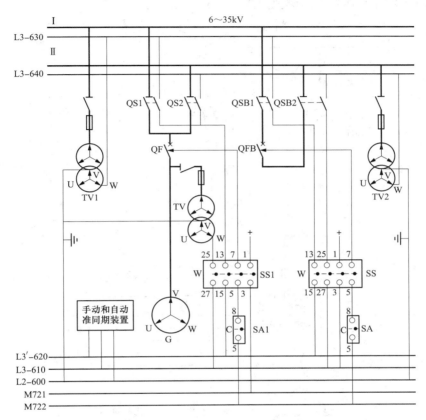

图 7-7 发电机出口和母联断路器单相同期电压引入回路

当利用发电机出口断路器 QF 并列时，待并发电机侧的同期电压是电压互感器 TV 二次 W 相电压，经同期开关 SS1 的 25-27 触点引至同期电压小母线 L3-610 上；系统侧同期电压母线电压互感器 TV1（或 TV2）的二次 W 相电压，经隔离开关 QS1（或 QS2）辅助触点，再经同期开关 SS1 的 13-15 触点引至同期电压小母线 L3′-620 上。

当利用母联断路器 QFB 进行并列时，其两侧同期电压分别由母线电压互感器 TV1 和 TV2 的电压小母线 L3-630 和 L3-640，经隔离开关 QSB1 和 QSB2 的辅助触点及同期开关 SS 的 13-15 和 25-27 触点，引至同期电压小母线 L3′-620 和 L3-610 上。此种接线是将Ⅱ母线侧视为待并系统，Ⅰ母线侧视为系统。

2. 双绕组变压器同期电压引入回路

对于具有 Yd11 接线的双绕组主变压器 TM，当利用其低压三角形接线侧的断路器 QF 进行并列时，其同期电压引入回路如图 7-8 所示。

图 7-8 中，110kV 母线电压互感器 TV1 为中性点（N）接地，发电机出口电压互感器 TV 为 V 相接地。主变压器 TM 低压侧同期电压直接取自 TV 二次绕组的 W 和 V 的相间电

压 $\dot{U}_{WV}$，其 W 相电压经同期开关 SS 的 25-27 触点引至同期电压小母线 L3-610 上，而 TM 高压侧同期电压，取电压互感器 TV1 辅助二次绕组 W 相电压 $\dot{U}_{WN}$，其 W 相电压从试验小母线 L3-630（试）引出，经 QS 辅助触点及 SS 的 13-15 触点引至同期电压小母线 L3'-620 上。此种接线是将主变压器低压侧视为待并系统，高压侧为系统。

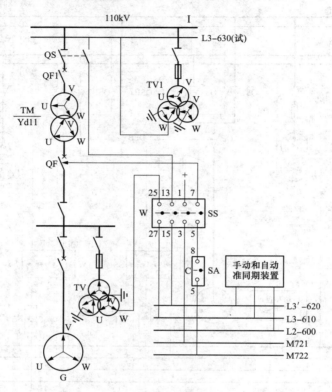

图 7-8 双绕组变压器单相同期电压引入回路

图 7-8 的双绕组变压器单相同期电压引入回路，是利用了同期两侧电压互感器的"不对应"绕组，获得幅值和相位都一致的二次电压作为同期电压，从而在同期电压回路中省略了用于补偿由主变压器造成的其高、低压两侧电压相位差的转角变压器。另外，同三相同期电压引入接线（见图 7-6）同样，图 7-8 的单相同期电压回路接线方式，也可适用于主变压器高压侧断路器 QF1 的同期并列。

3. 发电厂 $1\frac{1}{2}$ 断路器的同期电压引入回路

对于 $1\frac{1}{2}$ 断路器的一次接线，其同期电压引入有"近区电压优先"和"简化同期"两种方法。

$1\frac{1}{2}$ 断路器接线每一个完整串中的三个断路器，都连接四个可能断开的电力系统，即两条母线和两个线路。在每回线路和每条母线上都装有电压互感器，任何一台断路器断开时，其触头两端的电压都可能是非同步的，因此，每台断路器合闸时，都可能涉及同期操作，或者说，每台断路器都应设为同期点。由于此种接线的一次系统运行方式较多，使得每台断路器两侧同期电压所用的电压互感器也不是固定不变的，所以此种一次接线的同期电压回路因可变条件多而使接线复杂。另外，线路是否装设隔离开关及电压互感器装设在何处均对应不同的同期电压引入方法。如果电压互感器装设在线路隔离开关的线路侧时，对应断路器的同期电压应采用近区优先的方式取得；如果线路不装设隔离开关或电压互感器装设在断路器与线路隔离开关之间时，为简化同期接线，一般采用简化法：

（一）近区电压优先法

近区电压优先法，是根据运行及检修的情况，断路器两侧同期电压可按临近的原则取自不同的电压互感器。此种同期方式在选择上比较多样灵活，在线路或电源（变压器）回路装设隔离开关且电压互感器装设在线路或变压器隔离开关外侧以及线路或变压器检修时，都不会影响该串断路器的同期操作。但由于同期电压回路要串接很多用于切换的相关隔离开关和断路器的辅助触点，使同期电压接线比较复杂，如图 7-9 所示。

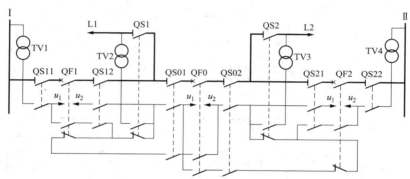

图 7-9　$1\frac{1}{2}$ 断路器"近区电压优先"同期单相电压引入回路

图 7-9 中，u_1 和 u_2 是断路器同期合闸时需要比较的电压，图中箭头符号表示将此二电压引至同期电压比较装置。根据一次系统的运行情况，各断路器同期合闸时 u_1 和 u_2 可能的选取情况如下：

（1）当 QF1 同期操作时，u_1 取自 I 母线电压互感器 TV1。另一侧的同期电压 u_2 则根据运行情况取自不同的电压互感器：u_2 取自线路 L1 的电压互感器 TV2；当线路 L1 停电，QS1 断开时，自动切换到线路 L2 的电压互感器 TV3，当线路 L1 和 L2 均停电，QS1 和 QS2 均断开时，则自动切换到 II 母线电压互感器 TV4。

（2）当 QF0 同期操作时，u_1 取自线路 L1 的电压互感器 TV2；当 L1 停电，QS1 断开时，则自动切换至 I 母线电压互感器 TV1。u_2 取自线路 L2 的电压互感器 TV3；当 L2 停电，QS2 断开时，则自动切换至 II 母线电压互感器 TV4。

（3）当 QF2 同期操作时，u_1 和 u_2 的选取情况与 QF1 同期操作时类似。

（二）简化同期法

简化同期法，是直接取并列断路器两侧二次电压的方法。在工程中，也可根据实际情况在各串断路器中指定用作同期并列的断路器，而其他断路器不考虑同期操作。如只考虑在母线侧的断路器上进行同期操作，同期电压只取母线电压互感器电压和靠近母线的线路侧电压互感器电压，这样可使同期电压回路进一步简化。此种同期方式可使同期电压减少切换或不切换，比近区电压优先的方法简单，但操作同期时，要注意断路器两侧电压互感器是否投入，这就需要选择同期点顺序，操作上不够灵活，如图 7-10 所示。

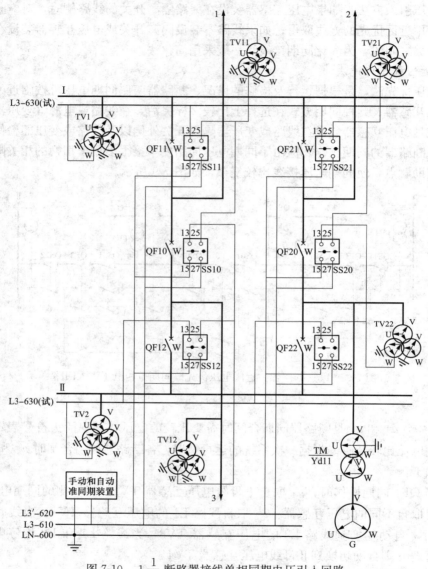

图 7-10　$1\frac{1}{2}$ 断路器接线单相同期电压引入回路

设所有断路器均为同期点，电压互感器均为中性点（N）接地方式。同期电压取自断路器两侧电压互感器辅助二次绕组 W 相。当线路 1 检修时，其接引的两台断路器 QF11 和 QF10 均为断开，检修完毕再次投入运行时，则利用 QF11 或 QF10 同期并列。若利用 QF11 同期并列，线路侧同期电压取自线路电压互感器 TV11 的辅助二次绕组 W 相电压，经同期开关 SS11 的 25-27 触点，引至同期电压小母线 L3-610 上，作为待并系统同期电压；母线侧同期电压取自母线电压互感器 TV1 辅助二次绕组 W 相，经同期开关 SS11 的 13-15 触点引至同期电压小母线 L3′-620 上，作为系统同期电压。

第四节　同　期　装　置

　　同期系统中的测量表计、转换开关、按钮、继电器及自动同期装置，统称为同期装置或同期设备。同期装置中的同期测量仪表包括压差表（或两只电压表）、频差表（或两只频率表）及同步表（也称整步表），这些表计是为检查对应的同期条件的，在相应的操作步骤和相关按钮、转换开关、继电器及断路器控制开关的配合下，完成满足同期条件的断路器合闸操作。

一、电磁式同步表

　　电磁式同步表（也称转差表）一般用来指示同期点两侧频率差和电压差，图 7-11 为 1T1-S 型电磁式同步表结构及接线图。表内有三个固定线圈，其中 W1 和 W2 经附加电阻 R1、R2 及 R3 接至待并发电机电压 $\dot{U}_{UV}$ 和 $\dot{U}_{VW}$ 上。W1 和 W2 在空间布置上相互垂直，适当选择 R1、R2、R3 的阻值，可以使流经 W1 和 W2 的电流 $\dot{I}_1$ 和 $\dot{I}_2$ 在相位上也相差 $90°$，则同步表接入电路时，此二线圈的合成磁势将产生一个旋转磁场，且旋转磁场所在平面与另一个线圈平面垂直。另外一个线圈 W 布置于 W1 和 W2 的内部，沿轴向绕在 Z 形铁片的轴套外面。W 经附加电阻 R 接于系统电压 $\dot{U}'_{UV}$ 上。接入电路后，W 内形成按正弦规律脉动的磁场，并磁化 Z 形铁片。轴套与转轴固定为一体，转轴上端装有指针和燕尾型平衡锤及圆形阻尼片。可动部分在线圈 W 内转动。

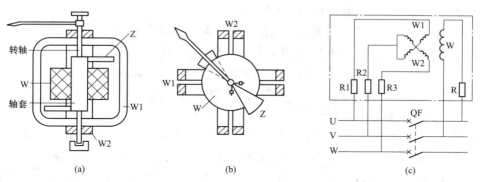

图 7-11　电磁式同步表结构及接线图
（a）侧视图；（b）顶视图；（c）内部接线图

　　电磁式同步表相量图如图 7-12 所示。

　　图 7-12（a）中给出了线圈 W1 和 W2 中的电流相量 $\dot{I}_1$ 和 $\dot{I}_2$，适当选择附加电阻，可使中性点由 O 点偏移致使 $\dot{I}_1$ 和 $\dot{I}_2$ 夹角为 $90°$ 的 O' 点。当同步表接入同期电压回路时，表内产生两个磁场：一个是由 W1、W2 产生的幅值不变的合成旋转磁场，另一个是由 W 产生的沿轴向按正弦规律变化的脉动磁场。

　　在采用手动准同期操作并网的过程中，同步表有以下三种指示：

　　（1）待并系统与系统的电压、频率、相位角均相等。在这种情况下，如图 7-12（a）和

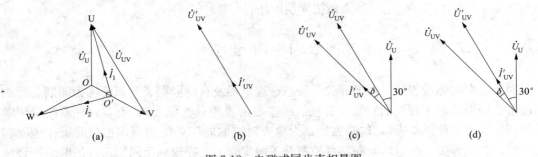

图 7-12　电磁式同步表相量图

(a) 线圈 W1 和 W2 中的电流向量；(b) 线圈 W 中的电流向量；(c) $\dot{U}_{UV}$ 滞后于 $\dot{U}'_{UV}$；(d) $\dot{U}_{UV}$ 超前于 $\dot{U}'_{UV}$

(b) 所示，线圈 W 中的电流 $\dot{i}_{UV}$ 超前 U 相电压 30°。被 W 的脉动磁场磁化了的 Z 形铁片处于幅值不变的旋转磁场之中，因此铁片停留的位置时由两磁场的共同作用决定。两磁场共同作用的结果是使铁片保持在磁场最强的位置上，也就是停留在脉动磁场最大值（即铁片磁性最强时）与旋转磁场方向一致的位置上。当铁片处于这个位置后，旋转磁场继续旋转而离开脉动磁场的方向，同时脉动磁场的强度或铁片的磁性也开始减弱，但仍产生一个拉动铁片旋转的趋势，由于铁片的惯性，还没来得及旋转，旋转磁场已经转至接近 180°，从而两磁场形成使铁片反向旋转的趋势，这种交替作用使得 Z 形铁片不能转动而保持在磁场最强的位置。在完全满足同期条件的时刻，铁片及固定在同一转轴的指针将停留于某个固定位置不动，此位置即同步表指示的同期点。对于已制成的同步表，其内部参数确定，同期点位置时固定的，在表盘上，同期点位置有明显的线条标志。

（2）待并系统电压和频率与系统电压和频率相等，但相位角不相等。在这种情况下，若待并系统电压滞后于运行系统电压的相角为 δ，则脉动磁场比同期时刻提前 δ 角达到最大值。铁片为了占据磁场最强位置，随旋转磁场带动指针停留在偏离同期点"慢"的一方的一个角度的位置，如图 7-12（c）所示。同理，若待并系统电压超前于运行系统电压的相角为 δ，则指针将偏离同期点并向"快"的一方偏转一个角度。

需要指出，如果待并系统和运行系统频率长期保持绝对相等，而电压相位又不一致，那么同步表指针将总是停留在偏离同期点的某个位置，则总也不能实现同期并网。

（3）待并系统电压与运行系统电压相等，而频率持续不相等。这种情况下，Z 形铁片被脉动磁场磁化的磁极交替变化的一个周期内，对应旋转磁场不是恰好旋转一周，指针也就不会停留在一个固定的位置上。若 $f > f'$，脉动磁场交变一次时，旋转磁场已转过一圈多，由此造成铁片在磁化最强时，力图与旋转磁场方向保持一致而带动指针向"快"的方向偏转一个角度，如此循环，等到下一个周期，又要在原来的位置上，再向"快"的方向偏转一个角度，表现为同步表指针向"快"的方向连续旋转。反之，若 $f < f'$，指针则向"慢"的方向旋转。同步表指针的转速与频率差成正比，当频率差很小时，指针转动很慢，则当指针转至同期点位置时，即可执行同期并网操作。当两侧频率差很大时，由于同期表可动部分的机械惯性，指针不再转动而是不停摆动。若频率差更大，大于可动部分固有频率，则指针固定不动。无论上述的指针摆动或固定不动，都不能正确指示两侧的频率差和相位关系，因此，对于电磁式同步表，只有当频率差小于 $0.5H_z$ 时，才允许将同步表投入使用。

二、组合式同步表

组合式同步表，是将电压、频率、相位差等同期参数组合于一体的同期表计。目前广泛应用的为 MZ-10 型组合式同步表，如图 7-13 所示。

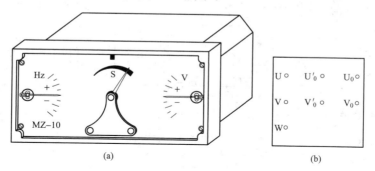

图 7-13 MZ-10 型组合式同步表外形图

（a）正面；（b）背面接线端子

MZ-10 型组合式同步表，由电压差表 V(P1)、频率差表 Hz(P2) 和同步表 S(P3) 组成。其中同步表 S 的工作原理与 1T1-S 型同步表类似。

MZ-10 型组合式同步表，按接线方式有三相式和单相式两种，其内部接线电路如图 7-14 所示。

电压差表 P1 的测量机构为电磁式微安表。由整流电路将待并发电机和系统两侧的交流电压变换成直流，流入微安表进行比较。当两个电流相等时，微安表指针不偏转，停留在零（水平）位置；当待并发电机电压大于系统电压，即 ΔU（$\Delta U = U_G - U_S$）大于零时，微安表指针向正方向偏转；反之，指针向负方向偏转。

频率表 P2 的测量机构为直流比流计。由削波电路、微分电路（C1 和 R1 或 C2 和 R2）和整流电路，将输入的两个正弦交流电压变换为与其频率大小成正比的直流电流。将这两个电流分别流入比流计的两个线圈中，两个线圈分别绕在同一铝架上，并置于永久磁铁的固定磁场里，电流流入后，产生一对方向相反的转矩。当同期两侧频率相同时，即 $\Delta f = 0$ 时，两线圈的转矩相互抵消，比流计指针不偏转，停留在零（水平）位置。当两侧频率不相等，则指针偏转，直到与游丝产生的反作用力矩平衡为止。指针的偏转方向取决于频率差的极性，当待并发电机频率大于系统频率，即 Δf（$\Delta f = f_G - f_S$）大于零时，指针向正方向偏转；反之，指针向负方向偏转。

在组合式同步表中，压差表 P1 和频差表 P2 都是以系统电压和系统频率为基准，对于同步表 P3，也是取系统电压相量 $\dot{U}'_{UV}$ 为基准，并设定其指向 12 点位置固定不动，则待并发电机电压相量 $\dot{U}'_{UV}$ 相对于 $\dot{U}'_{UV}$ 旋转变化，即指针表示待并发电机电压相量。当发电机频率大于系统频率，即 Δf 大于零时，指针顺时针方向旋转；反之，指针逆时针方向旋转。显然，指针的旋转角频率 $\Delta\omega = 2\pi(f_G - f_S)$。

当 $\Delta\omega = 0$ 时，指针不旋转；当系统电压 $\dot{U}'_{UV}$ 超前发电机电压 $\dot{U}'_{UV}$ 的角度为 δ 时，指针向顺时针方向偏转 δ 角；反之，指针向逆时针方向偏转 δ 角；当两电压同相时，指针指向 12 点位置不动。

MZ-10 型单相式同步表的工作原理与三相式基本相同，只是其中的同步表（转差表）

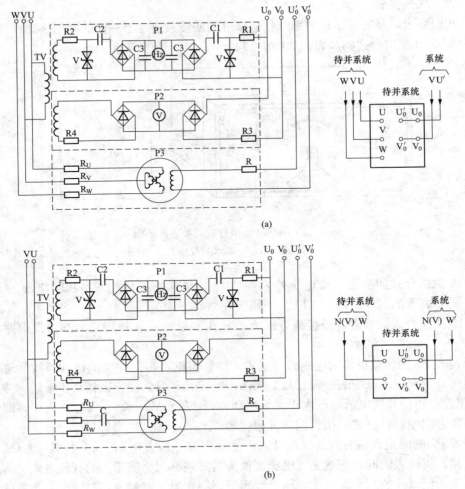

图 7-14　MZ-10 型组合式同步表内部电路图

(a) 三相式；(b) 单相式

P3 为单相式，采用单相式同步表可以简化同期接线，只需从同期两侧引来一个电压即可。因此在发电厂和变电站中得到广泛应用。

　　单相式同步表内部结构与三相式相同，只是在外电路利用电容、电阻裂相法将单相电压裂相为两个相位差为 90° 的电流，使其分别流入电磁式同步表的两个固定线圈 W1、W2 中，代替三相式表计中的两相电流。

　　组合式同步表精度高、体积小，但只反映两侧对应参数的差别特征，不能指示参数的具体数值。由于组合式同步表的转差表计部分采用的是电磁式同步表，因此同样只有在两侧频率差在 0.5Hz 时，才允许将此表计接入电路。

　　三、同期检查继电器

　　为了保证同期点在满足准同期条件时合闸，在同期系统中装设有同期检查继电器 KY，以便在不满足同期条件时闭锁同期断路器合闸回路。其主要作用是防止同期点两侧电压相位差过大时合闸。

同期检查继电器的构造与一般的电磁式电压继电器相同。如图 7-15 所示，它有两个参数相同的线圈，分别接系统 $\dot{U}'_{UV}$ 和发电机电压 $\dot{U}_{UV}$ 上，但是将它们的极性反接，如此在接入同期电压时，两线圈的合成磁通的大小与两个线圈的电压差成正比。因为在同期过程中两电压的幅值基本相等，电压差的大小主要决定于两电压间的相位角差 δ，又因为同期过程中两侧电压的频率不可能长期保持绝对相等，即两个电压相量实际为相对转动。设系统电压 $\dot{U}'_{UV}$ 为不动，则发电机电压 $\dot{U}_{UV}$ 以角速度 $\Delta\omega$ 相对

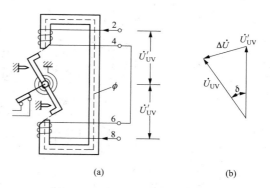

图 7-15 同期检查继电器示意图
（a）内部结构及接线图；（b）电压向量图

系统电压转动，故 δ 角在不断变化。当 $\delta = 180°$ 时，电压差 ΔU 最大，表示此时两侧电压大小相等，方向相反，而在回路接线中，由于两线圈时反极性连接的，所以此时两线圈的磁通方向一致，数值相加，合成磁通最大，此时也是磁场能力最大的时刻；同理当 $\delta = 0°$ 时，ΔU 为零，两线圈磁通相互抵消，合成磁通为零。

设两侧电压幅值相等，相位差为 δ，则电压差的表达式为：

$$\Delta U = 2U_{UV}\sin\frac{\delta}{2}$$

电磁式同期检查继电器的转矩与其铁心中合成磁通的平方成正比。同期检查继电器的触点通常为闭合状态，接入电路后，当磁通为零时，由于弹簧的反向力矩的作用，使舌片落下，将触点闭合；当磁通增加并超过整定值时，舌片两端被吸向铁心磁极，使触点断开。利用继电器的刻度把手，调节继电器的弹簧反作用拉力，就可以将继电器整定为在某个一定的 δ 角起动或返回。

需要指出的是，由于同期检查继电器可动部分具有一定的转动惯量，故也需在频率差小于一定范围才可投入（精调时与转差表一起投入），投入电路后，它是按照图 7-2（c）所示滑差电压包络线的变化规律动作、返回的。对于常时闭合同期检查继电器的触点而言，包络线幅度最大时，为其动作中心点；包络线过零时，为其返回中心点。

综上所述，同期检查继电器的触点，在同期两侧电压的驱动下，可实现两电压的相位差为某个允许范围内时保持闭合，从而用于保证满足同期电压相位的误差要求。

四、自动同期装置

自动准同期装置的作用是代替准同期过程中的手动操作，以实现迅速、准确的准同期并列。现以 ZZQ-5 型自动准同期装置为例，介绍其相关二次回路。

ZZQ-5 型自动准同期装置是功能较为齐全的自动准同期装置，它具有如下两种功能：一是自动检测待并发电机与运行系统之间的电压差及频率差，并在此二量满足准同期合闸条件时，自动提前发出合闸脉冲，以躲开断路器固有合闸时间，使断路器主触头在两侧电压相位差为零的瞬间闭合；二是当电压差和频率差过大时，能对待并发电机进行调压或调频，以加快并列过程。

ZZQ-5 型自动准同期装置由合闸部分、调频部分、调压部分组成，如图 7-16 所示。使

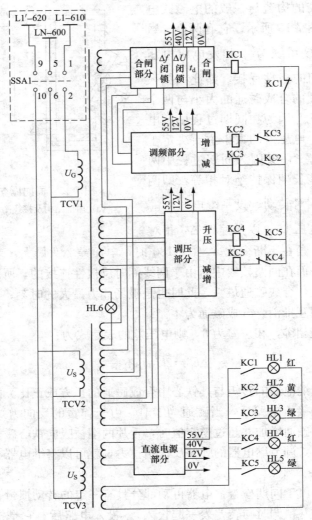

图 7-16　ZZQ-5 型自动准同期装置接线示意图

用该装置时，只需合上控制 SSA1 开关（此开关有"投入"、"退出"两个位置，置于"投入"位置时，图 7-16 中所示触点均为接通。），同期并列过程即可自动完成。在 SSA1 投入瞬间，由于装置内部电容元件充电，可能引起出口合闸继电器抖动从而错误发出合闸命令，为防止发生这种现象，电源投入时，装置自动闭锁两秒后开始工作。装置内部设有整流电源设备，故无须外加直流操作电源。装置的合闸、调频、调压部分的电压输出，有 55V、40V、12V、0V，是为了匹配所接对应部分的电压规格，0V 为电压参考基准。

在合闸部分，首先分别将发电机电压 u_G 和系统电压 u_S 由正弦波变换为方波后再合并成为三角波形的线性整步电压 u_d，然后进行鉴别：当频率差和电压差均小于对应整定值时，以提前时间 t_{fw} 起动出口中间继电器 KC1，其触点起动外电路合闸继电器 KCL 发出合闸信号。

合闸闭锁由逻辑回路实现，而电压差闭锁量 ΔU 由调压部分引入。

调频部分的作用是自动鉴别发电机的频率和系统频率，并向待并发电机发出调速脉冲，使待并发电机频率接近系统频率。调速脉冲由出口继电器 KC2、KC3 的触点传递至待并发电机的调速器。为了使待并发电机的频率接近系统频率，同时又不发生过调现象，该自动装置能按比例调节。当频差 Δf 值较大时，单位时间内送出的调节脉冲数较多，随着 Δf 逐渐减小，单位时间内送出的调节脉冲数逐渐减少。同时为了适应各种不同性能的调速器，调速脉冲的宽度可进行人工整定。

考虑到当同期点两侧频率长期保持相等时（$\Delta f = 0$），如果电压相位角相差较大，发电机将没有机会实施并列，为此，该装置调频部分每隔一定时间自动发出一调节脉冲，以打破并列过程的静止僵局，使发电机能顺利并网。

调压部分的输入量，为待并发电机同期电压 U_G 和系统侧同期电压 U_S，将各组输入电压整流后进行绝对值比较得到两组直流量：一组为 $U_G - U_S$，另一组为 $U_S - U_G$，再将此两组直流量送入逻辑回路进行检测。

调压部分的作用是比较发电机与系统电压的高低，并自动发出调节脉冲，使发电机电压接近系统电压。同时，在电压差小于整定值时，向合闸部分发出解除电压差闭锁的信号。为适应不同调压特性的发电机励磁调节器，调压部分发出的调压脉冲宽度是可以调整的。调压脉冲经出口中间继电器 KC4、KC5 分别起动外电路中间继电器 KCR3、KCR4，并将调压信号传递至发电机励磁装置。

在调压部分的出口中间继电器 KC4、KC5 线圈回路中分别串入 KC5 和 KC4 的动断触点的作用是互相闭锁，防止同时发出"升压"和"降压"脉冲。在调频部分的出口继电器 KC2、KC3 线圈回路串入 KC3 和 KC2 的动断触点，同样也是为了防止同时发出"增速"和"减速"脉冲。当合闸部分发出合闸脉冲时，KC1 动作的同时，其动断触点切断了调频、调压部分出口中间继电器的线圈电源，防止发出调频和调压脉冲。

在 ZZQ-5 装置面板上有 6 只信号灯 HL1～HL6。前 5 只信号灯分别显示合闸、增速、减速、升压、降压等各调节脉冲的发出时刻，而信号灯 HL6 显示同期点两侧电压的相位差。HL6 接在反极性串联的 TC_{V1} 和 TC_{V2} 二次绕组回路中，当发电机电压与系统电压同相位时，HL6 熄灭，而两电压相位差 180°时，HL6 最亮。

第五节 手动准同期并列回路及操作

一、手动准同期并列回路

手动准同期并列有分散手动准同期并列和集中手动准同期并列两种方式。分散手动准同期并列是指在待并发电机控制台处，手动操作发电机合闸并列；集中手动准同期并列对待并发电机的电压、频率的调节及断路器的合闸操作均在共用的同期屏上进行，共用的同期表计安装于此屏上。一般发电机电压的调节不采用集中调节方式，而是在同期合闸操作前，在待并发电机的控制台上将发电机电压调节至与系统电压基本相等，然后再在共用的同期屏上进行合闸操作。手动准同期并列回路如图 7-17 所示。

图 7-17 中，M721、M722、M723 为全厂（站）共用同期合闸小母线；M717、M718 为全厂共用自动调速小母线；SSM1 为手动准同期开关，其触点表见表 7-2；SSM 为解除手动准同期开关（LW2-H-2，2/F7-X 型）；P 为组合式同步表（MZ-10 型单相 100V）；KY 为同期检查继电器（DT-13/200 型）；SB 为集中同期合闸按钮（LA2-20 型）；SS 为同期投入开

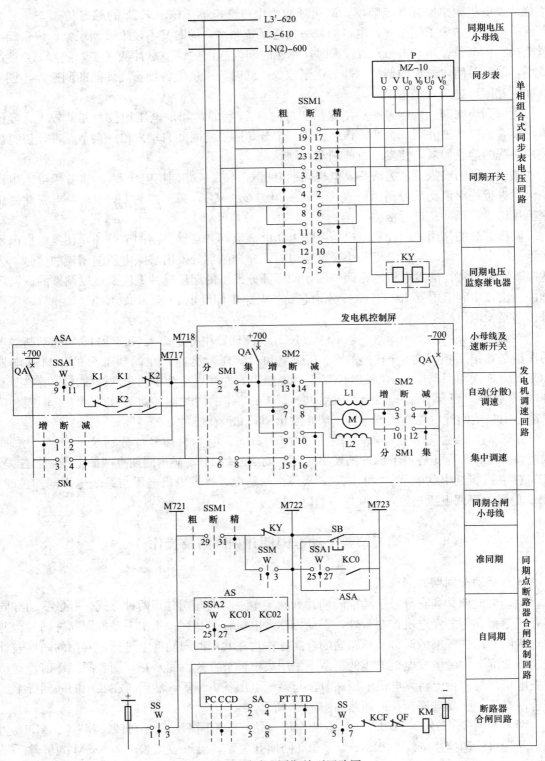

图 7-17　手动准同期并列回路图

关；SA 为断路器控制开关；ASA 为自动准同期合闸装置；SSA1 为自动准同期投入开关；KCO 为自动准同期装置合闸触点；AS 为自同期合闸装置；SSA2 为自同期投入开关；KCO1、KCO2 为自同期装置合闸触点；SM 为集中调速开关（LW4-2/A23 型）；SM1 为调速方式选择开关；SM2 为分散同期调速开关；M 为原动机调速机构伺服电动机。

表 7-2　　　　　　　SSM1：LW2-H-2，2，2，2，2，2，2，2/F7-8X 触点表

触点盒型式		2		2		2		2		2		2		2		2	
触点号		1-3	2-4	5-7	6-8	9-11	10-12	13-15	14-16	17-19	18-20	21-23	22-24	25-27	26-28	29-31	30-32
手柄位置	断开 ↑	—		—		—		—		—		—		—		—	
	精调 ↗	•		•		•		•		•		•		•		•	
	粗调 ↖	—	•	—	•	—	•	—	•	—	•	—	•	—	•	—	•

图 7-17 中单相组合式同步表电压回路部分，表示单相 MZ-10 型组合式同步表的电压测量回路，它适用于图 7-7、图 7-8 和图 7-10 的同期电压回路。手动准同期开关 SSM1 有“断开”、“粗调”、“精调”三个位置。平时置于“断开”位置，将同步表 P 退出；在进行手动准同期并列之初，将 SSM1 置于“粗调”位置，其触点 2-4、6-8、10-12 接通，将 P 中的电压差表 P1 和频率差表 P2 接到同期电压小母线上。当两侧电压和频率调整至满足并列对应条件，准备下一步并列操作时，再将 SSM1 置于“精调”位置，其触点 1-3、5-7、9-11、17-19、21-23、接通，将 P 中的电压差表 P1、频率差表 P2 和同步表 P3 都接至同期电压小母线上。运行人员根据同步表 P3 的指示，确定发出合闸脉冲的时刻，当 P3 的指针快要到达同期点之前的一个整定的超前相角时，迅速将待并发电机控制开关 SA 旋至合闸位置并保持 1～2s，其触点 5-8 接通，发出合闸信号，将待并发电机并入系统。

在图 7-17 中的发电机调速电路中，调速方式选择开关 SM1 有“集中”和“分散”两个位置。若在同期屏上进行集中调速时，应将 SM1 置于“集中”位置，其触点 2-4、6-8、10-12 接通，而分散调速开关 SM2 处于“断开”位置，其触点其触点 13-14 和 15-16 接通，将伺服电动机 M 的线圈 L1 和 L2 分别接到自动调速小母线 M717 和 M718 上，这时在同期屏上操作集中调速开关 SM，就可以调整原动机的转速。其动作回路为＋700→SM 触点 1-2（或 3-4）→M717(或 M718)→SM1 触点 2-4（或 6-8）→SM2 触点 13-14（或 15-16）→M 的 L1（或 L2）→M→SM1 触点 10-12→－700，则伺服电动机 M 正转（或反转），使原动机的转速升高（或降低）。

若在发电机控制屏上进行分散调速，应将 SM1 置于“分散”位置，其触点 2-4 和 6-8 断开。这时在待并发电机控制屏上，操作分散调速开关 SM2，可以调整原动机转速，其动作回路为＋700→SM2 触点 7-8(或 9-10) →M 的 L1(或 L2) →M→SM 触点 3-4→－700，则伺服电动机 M 正转（或反转），使原动机的转速升高（或降低）。

可见，若集中调速开关 SM 和分散调速开关 SM1 同时置于“投入”（增或减）位置时，由于 SM2 的触点 13-14 和 15-16 断开，就闭锁了集中同期屏上的调速回路。

图 7-17 的下部为同期断路器的合闸回路，不论采用哪种同期方式并列，同期点断路器的合闸回路都要经过自身的同期开关 SS 的触点，当同期开关 SS 置于“投入（W）”位置时，其触点 1-3、5-7 接通，触点 1-3 接通时，合闸小母线 M721 取得正的操作电源。在频差和压差都满足并列条件时，将手动准同期开关 SSM1 置于“精确”位置，其触点 29-31 接

通，当同期检查继电器 KY 处于返回状态时（其动断触点接通），合闸小母线 M722 就取得了正的操作电源。若采用集中手动准同期方式并列，则断路器控制开关 SA 处于"跳闸后"位置，其触点 2-4 接通。因此，只要按下集中同期合闸按钮 SB，合闸小母线 M723 就取得了正的操作电源，则经 SA 的 2-4 触点、SS 的 5-7 触点、防跳继电器的动断触点 KCF 及断路器的辅助动断触点 QF，起动合闸接触器 KM 而使断路器合闸。

二、手动同期并列操作步骤

从对图 7-17 各个部分回路的介绍，可以得出手动同期并列的操作步骤是：

（1）合上待并断路器相关隔离开关。

（2）检查自动准同期开关 SSA1、自同期开关 SSA2、解除手动准同期开关 SSM 及 SSM1 开关在断开位置。

（3）将待并断路器的同期开关 SS 置于"投入"位置，其触点 1-3 接通，使合闸小母线 M721 从控制小母线正极取得操作电源。

（4）将手动准同期开关 SSM1 置于"粗调"位置，其触点 2-4、6-8、10-12 接通。观察 P1、P2 表，判别压差、频差是否满足并列条件。若不满足时，在待并发电机控制屏上，调整发电机电压；利用分散调速开关 SM2 调整发电机转速。当压差、频差都满足并列条件时，停止上述调整。

（5）将 SSM1 置于"精调"位置，其触点 1-3、5-7、9-11、17-19、21-23、29-31 接通。在同期检查继电器 KY 为返回状态时，合闸小母线 M722 取得正的操作电源。

（6）根据同步表 P3 的指示，选择适当的超前相角时刻，迅速将断路器控制开关 SA 置于"合闸"位置，其触点 5-8 接通，即发出合闸脉冲。

（7）合闸成功后红灯闪光，释放 SA 使之返回至"合闸后"位置，使 SA 与断路器位置相符，红灯停止闪光而发平光。

（8）将 SS、SSM1 置于"断开"位置。

三、闭锁回路

在手动准同期并列操作过程中，为了防止运行人员误操作而造成非同期并列，同期系统一般采取以下措施。

1. 同期点断路器之间相互闭锁

为了避免同期电压回路混乱而引起非同期并列，在并列操作的时间内，同期电压小母线上只能带有待并断路器两侧同期电压。为此，每个同期点断路器均装有同期开关，并共用一个可抽出的手柄（钥匙），此手柄只有在"断开"的位置才能抽出，以保证在同一时间内，只允许对一台同期点断路器进行并列操作。

2. 同期装置之间相互闭锁

发电厂或变电站可能装有两套及以上根据不同原理构成的同期装置。为了保证在同一个时间内只投入一套同期装置，一般通过同期选择开关（即手动准同期开关 SSM1、自动准同期开关 SSA1 和自同期开关 SSA2）来实现，并共用一个可抽出的手柄。

3. 手动调频（或调压）与自动均频（或均压）相互闭锁

（1）在待并发电机上手动调频（调压）时，应切除集中同期屏上的手动调频（或调压）回路。

（2）手动调频（调压）时，应切除自动均频（或均压）回路。

（3）自动调频（调压）装置和集中同期屏上的手动调频（调压）装置，每次只允许对一台发电机进行调频（或调压）。

4. 闭锁继电器

为了防止在不允许的相角差下误合闸，通常在手动准同期回路中设置闭锁误合闸的同期检查继电器。同期检查继电器的交流、直流回路如图 7-18 所示。

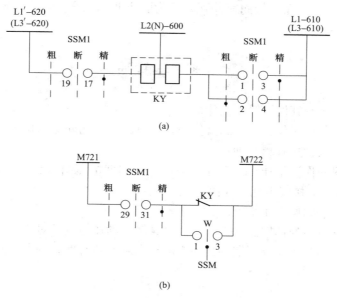

(a)

(b)

图 7-18　同期检查继电器的交、直流回路
(a) 交流回路；(b) 直流回路

同期检查继电器的交流回路受手动准同期开关 SSM1 控制，即 SSM1 处于"精调"位置，也就是意味着两侧压差和频差都比较接近后，KY 才接于系统电压 $\dot{U}'_{UV}$ 和待并系统电压 $\dot{U}_{UV}$，这样可以在全厂（站）只装设一台公用的同期检查继电器。同期检查继电器的动断触点串接在同期合闸小母线 M721 和 M722 之间。当系统和待并系统间不满足同期条件时，KY 动作，其动断触点断开，闭锁误合闸脉冲的发出，从而防止了非同期合闸。

同期检查继电器 KY 动作与否取决于压差和相角差的大小。

如本章第四节同期检查继电器相关部分所述，此闭锁继电器 KY 按滑差电压包络线变化规律，在一个旋转周期（360°）内，动作、返回各一次。只有当压差、频差都满足时，KY 不动作，其动断触点闭合，闭合时间为

$$t_{KY} = \frac{\delta_1 + \delta_2}{2\pi(f_G - f_S)} \qquad (7\text{-}5)$$

式（7-5）中，动作角 δ_1 一般整定为 30°～40°；若返回系数为 0.8，返回角 δ_2 为 24°～32°。如图 7-19 所示。从图 7-18 可以看出，KY 的返回区域是大约以系统同期电压向量为中心的一个扇形区域，即在压差、频差都满足相应条件的前提下，只有相角差进入此扇形区域内，同期合

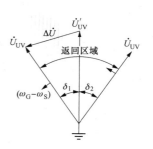

图 7-19　同期检查继电器动作和返回区域

闸才可能成功。

考虑到某些其他情况（如发动机检修后做断路器合闸试验，此时发动机侧无电压，而系统侧在运行中及利用回路其他断路器作为同期点），不需要按同期条件操作断路器合闸时，为了解除闭锁回路，在 KY 动断触点两端并联手动准同期解除开关 SSM 的触点 1-3，以便在单侧电源时，利用 SSM 的 1-3 触点发出合闸脉冲。SSM 正常时应处于"解除闭锁"位置，其触点 1-3 为断开状态。在进行同期并列时，为防止非同期合闸，合闸前必须检查 SSM 开关的正确位置。

 思考与练习题

1. 同期点是什么？其设置原则是什么？
2. 准同期并列条件是什么？实际操作中，各自的误差允许范围是多少？
3. 同期电压引入方式有哪几种？
4. 转角变压器的作用是什么？在什么情况下，同期电压引入回路中需要利用到转角变压器，试回答其对应的接线组别和变比。
5. 试简述手动准同期操作步骤。
6. 同期检查继电器的作用是什么？试简述其触点动作与返回对应的条件。
7. 需要同期并列和不需要同期并列的断路器合闸回路有何区别？以其控制回路说明之。

第八章　变压器二次回路

变压器是电力系统中最重要的设备之一，其二次回路种类繁多，除继电保护和安全自动装置的相关回路外，还有风冷却、强迫油循环及对大容量变压器的在线监测、消防等相关回路。本章选择对其有载调压回路及备用电源自动投入（AAT）回路加以介绍。

第一节　变压器有载调压回路

利用变压器调整电压，是通过改变变压器高压绕组分接头位置来改变变压器变比从而到达调整变压器电压的目的。利用变压器调压有两种方式，一种为无励磁调压，另一种为有载调压，无励磁调压需将变压器退出运行，变换其绕组分接头位置后再投入运行，有载调压则可以在运行中变换分接头位置，即可以在不停电的条件下完成调压。

电力系统中的变压器，选用何种调压方法，需根据变压器在系统中的位置及系统运行参数的特点给予确定，如连接发电机的升压变压器，由于利用发电机励磁调整可较为方便地调整电压，故一般不采用有载调压的变压器；发电厂中的起动/备用变压器，由于其低压侧电压需与厂用高压工作段电压相匹配，故多采用有载调整方式；变电所中的变压器，为适应多种运行方式，方便调整低压侧电压，也多采用有载调压的方式。变压器的有载调压方式，除具有带负荷调整的功能外，其电压调整的幅度及调整间隔的密度也都大于无励磁调压方式。

有载调压变压器绕组的分接头装于变压器本体油箱内，经连轴与外部操作箱内的电动机构连接。操作箱内凸轮的位置，对应变压器分接头的运行情况，通过对操作箱内控制设备的操作，可方便地改变变压器分接头位置。控制装置采用按步进式原理构成的电动机构，接通电源后自动进行切换，在电动机转动时间内，不停地完成切换而不受升降按钮是否按下的影响。只有在控制系统处于静止状态时，方可进行下一次操作。操作时，只需瞬间按下上升（或下降）按钮，即可完成一个相邻分接头的切换，中途不可改变按钮指令，以防止分接头切换过程中变压器绕组回路断开。当完成一个分接头切换后，控制回路自动停止电动机转动以防发生过调。

一、变压器分接头调节控制回路

以 CDF 型电动驱动机构为例，说明变压器分接头调节控制原理。CDF 型电动机构的控制回路如图 8-1 所示。图 8-2 为变压器有载调压凸轮开关控制回路。

图 8-1 中电气设备及元件说明如下。

K1、K2：电动机接触器。K1 动作时，电动机逆时针旋转，传动变压器分接头"降压"；K2 动作时，电动机顺时针旋转，传动变压器分接头"升压"；K3：制动接触器。K3 返回时，使电动机断开电源，并将电动机三相线圈短接；K20：步进式操作辅助接触器；QA：电动机保护开关。具有发热保护和磁力脱扣功能，并可实现远方操作脱扣切断电源回路；SB1、SB2：变压器分接头"降压"及"升压"按钮；SB3、SB4：安装在控制室中的"降

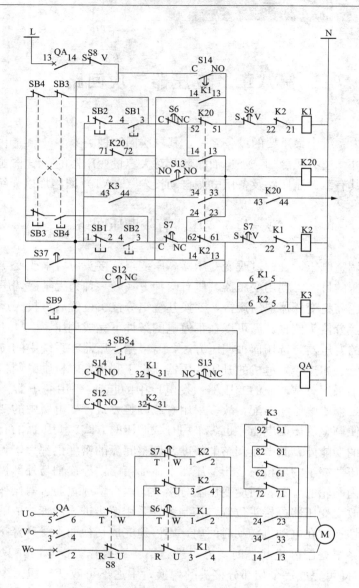

图 8-1　变压器有载调压驱动电机控制回路

压"及"升压"按钮；S6、S7：极限位置开关：每完成一个分接头位置调整（降或升），此开关暂时断开；S8：手动操作安全开关；S12、S14：控制方向的凸轮开关。S12 为升压时动作，S14 为降压时动作；S13：步进式操作凸轮开关；M：驱动电动机；BT1：温度继电器；H1、H2：信号灯。点亮时显示 QA 脱扣；H3：信号灯。安装于控制室，点亮时显示"进行分接交换"。

　　机械位置显示器安装在操作箱内，有 33 段的分接头变换指示轮，可指示切换过程的位置。

　　每变换一个变压器分接头约需 5.2s。切换过程中各凸轮的转动状况如图 8-2 所示。图 8-2 中粗线条表示该凸轮动作，其动合触点闭合，动断触点断开。以下介绍其操作动作过程。

1. 分接头向"降压"的切换操作

（1）合上电动机电源回路开关 QA 及安全开关 S8。S6、S7 在返回位置，接通三相交流电源。

按下降压切换按钮 SB1，其触点 3-4 闭合，使 K1 线圈励磁，SB1 的触点 1-2 断开 K2 线圈回路。

K1 励磁后，其在电动机回路的触点 1-2、3-4 闭合；同时 K1 的触点 21-22 断开 K2 的线圈回路；K1 触点 31-32 断开 QA 线圈回路；K1 触点 13-14 接通，使 K1 线圈经 K20 触点 71-72 自保持；K1 触点 5-6 闭合，起动制动接触器 K3，使 K3 触点 61-62、71-72、81-82、91-92 断开，13-14、23-24、33-34 闭合，电动机引入三相电源开始转动，同时 K3 触点 43-44 闭合，为 K20 自保持做好准备。

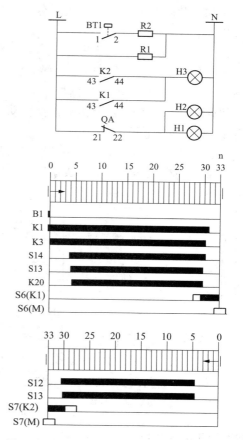

图 8-2　变压器有载调压凸轮开关控制回路

（2）电动机逆时针转动，变压器分接头开始切换。在切换过程中，无须进行人为操作，控制设备自动进行一下切换动作：

1）电动机转动约 0.66s 时，S14 动作，其触点 NO-C 接通，K1 经 S6 触点 S-V、S14 触点 NO-C 自保持，同时为 QA 起动做准备。

2）电动机转动约 0.67s 时，S13 动作，S13 触点 NO-NO 闭合，使 K20 动作，并经 K3 触点 43-44 自保持，同时 S13 触点 NC-NC 断开 QA 线圈电源回路。

3）K20 动作后，其触点 51-52、61-62、71-72 断开，使 K1 只剩一个自保持回路（S14 触点 NO-C），同时 K20 触点 13-14、23-24、33-34 闭合，使 K20 自保持。

4）当切换快结束时（约 4.88s），S13 返回，其触点 NO-NO 断开，断开了 K20 自保持回路之一，同时 S13 触点 NC-NC 闭合，为 QA 起动做准备。

（3）分接头切换动作停止。当切换快结束时（约 4.9s），S14 返回，其触点 NO-C 断开，使 K1 仅存的自保持回路断开，QA 线圈回路也被断开。K1 失磁返回，其触点 1-2、3-4 断开，使电动机电源回路断开；K1 触点 5-6、13-14 断开，使 K3 失磁脱扣；K1 触点 21-22、31-32 闭合，使 K20 返回。

（4）分接头切换制动。随着 K1 触点 5-6 的断开，K3 脱扣后，K3 触点 13-14、23-24、33-34 断开，而 K3 触点 61-62、71-72、81-82、91-92 闭合形成短路连接，使电动机定子线圈三相短路并停止转动。历时约 5.2s 的一个分接头切换过程结束。

上述切换临近结束，K3 脱扣的同时，K3 触点 43-44 断开，使 K20 失磁返回；K20 触点 61-62、71-72 闭合，而 K20 触点 13-14、23-24、33-34、43-44 断开，故只有在没有按下 SB1 的条件下，K20 才能返回，否则 K20 将通过其触点 13-14、S6 触点 NC-C、SB1 触点 3-4 而自保持励磁状态，因此在开始进行分接头切换操作时，按下 SB1 的时间不能过长，约 0.1s 即应松开。

2. 分接头向"升压"的切换操作

按下按钮 SB2，接触器 K2 励磁动作，电动机顺时针方向转动，经过约 0.66s，凸轮开关 S12 动作。"升压"动作过程与"降压"基本相同，不同之处只是 K2 动作而 K1 不动作。电动机转动，联动变压器分接头拉杆移动。当上升一个分接头的切换结束时，K2 返回，并断开电动机 M 的电源。

二、电力变压器调压分接头接线回路及位置信号回路

改变电力变压器绕组分接头调压，一般是在控制室进行远方操作。在操作地点装有调压分接头的位置信号指示装置，使运行人员准确进行操作。

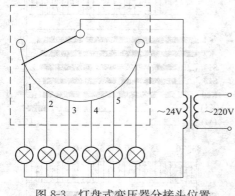

图 8-3　灯盘式变压器分接头位置
指示器原理图

1. 灯盘式位置指示器

灯盘式位置指示器的优点是简单可靠，设备机械部分少，便于运行及维护。灯盘式变压器分接头位置指示器原理如图 8-3 所示。显示回路使用 24V 交流电压。装于控制室的每一只灯泡对应变压器的一个分接头位置。例如当变压器分接头位置在"1"位时，其机械部分联动触头转至静触点"1"位置，则灯泡"1"点亮。如此，当变压器分接头转换至任一个分接头位置时，联动触头转至对应的静触点，使对应位置的灯泡点亮。

2. 有载调压变压器分接头转换接线回路及数码式位置指示器

有载调压变压器分接头切换回路及数码式位置指示器接线如图 8-4 所示。

图 8-4 所示电路由数码管电路Ⅰ、接触盘Ⅱ和刷架Ⅲ构成。Ⅱ和Ⅲ安装在变压器调压机构上，Ⅰ安装在控制室的变压器控制屏上。接触盘上装有与变压器分接头数量相等的静触点，各触点之间相互绝缘。刷架与分接头调节轴联动。数码管电路由一个单相半波整流电路供给电源，其信号输入端与编码电路相连，当接通电源后，即自动显示输入的编码，即显示当前运行的变压器分接头编号。

当变压器分接头在第一个分接头位置时，其联动机构带动刷架转至第一个静触点位置（即图 8-4 中所示位置），此时从图 8-4 中接线可见，负电源经刷架引至 VE（十位）数码管显示"0"位置；负电源又经刷架引至 VE（个位）数码管的"1"位置。两个数码管综合显示为"01"，与变压器分接头实际位置一致。当变压器分接头调至第十个分接头出运行时，随着分接头的变换，联动刷架逆时针旋转至第十个触点位置，则负电源引至 VE（十位）数码管的"1"位置，负电源又经刷架引至 VE（个位）数码管的"0"位置，两个数码管显示为"10"，保持与变压器分接头实际位置一致。

数码管电路对交、直流电源均适用。为了延长数码管的使用寿命，在不需要显示时，可将刀开关 QK 断开。

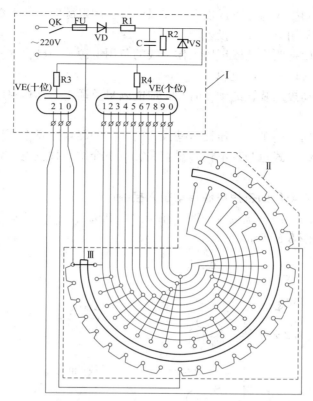

图 8-4　有载调压变压器分接头切换回路及数码式位置指示器接线图

第二节　备用变压器自动投入回路

　　发电厂中设有起动/备用变压器。起动/备用变压器高压侧通常接至发电厂高压母线，其低压侧电压是和发电厂厂用高压工作变压器低压侧相同的 6.3kV。起动/备用变压器的作用是在发电机由冷态起动到并网运行期间，由起动/备用变压器负担发电辅机负荷，发电机并网发电后，这些负荷转由厂用高压工作变压器供电，起动/备用变压器退出运行，转为以冷备用状态作为厂用高压变压器的备用电源。当厂用高压工作变压器因故退出运行或厂用高压工作母线段因故失去电压时，需立即自动投入起动/备用变压器以保证对厂用负荷的继续供电，故称之为起动/备用变压器。

　　对备用电源设备自动投入装置的一般要求：

　　（1）工作设备的电压无论何种原因消失时均应动作，但应防止因电压互感器回路熔断器熔断而引起的误动作。

　　（2）备用电源应在工作电源设备受电处确实断开后才投入。

　　（3）备用电源设备电源侧有电压时才能动作自动投入。

　　（4）当备用电源设备投于故障母线时，应使其断路器的保护加速动作跳闸，以防止事故扩大。

　　（5）备用电源设备只能自动投入一次。

（6）备用电源自动投入为不可逆投入，即只能由备用电源向工作电源设备自动投入，不能由工作电源设备向备用电源设备投入。

（7）若备用电源设备兼作几段厂用工作母线的备用电源，当已投入一段母线时，应仍能作为其他厂用工作母线段的备用电源。

（8）备用电源自动投入装置的动作时限，应能满足负荷中电动机自起动要求，一般整定为 1～1.5s。

发电厂中备用变压器向工作变压器自动投入的二次回路，随发电厂厂用一次接线的不同而不同，厂用一次接线方式也与发电机容量相关。以下介绍两种发电厂备用电源自动投入的二次回路接线。

一、小容量机组发电厂的备用电源自动投入接线

小容量发电机组的厂用一次接线的特点在于由发电机出口至厂用高压工作变压器高压侧之间设有断路器，如图 8-5 所示。

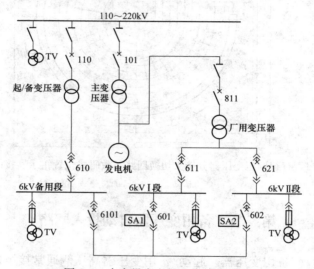

图 8-5　小容量发电机一次接线简图

图 8-5 中只绘出一台发电机，正常运行时，起/备变压器处于冷备用状态，其回路中的断路器 110、601、602 为断开，断路器 610、6101 及隔离开关为合上状态。一旦厂用母线失电，则起/备变压器自动投入（其断路器动作顺序为：合 110、601 或合 110、602）以供给 6kV 厂用Ⅰ段或 6kV 厂用Ⅱ段上的负荷。

对应图 8-5 所示一次接线，其小容量发电机备用变压器自动投入装置回路如图 8-6 所示。

备用变压器自动投入装置由投、退切换开关 SA1（SA2）、低电压继电器 KV、KV1、KV2（KV3、KV4）、时间继电器 KT1、中间继电器 KC1、KLA1（延时复归）等设备构成。每一个备自投合闸点都应装设一个投、退切换开关，以选择是否执行备自投。备自投装置动作过程如下：

（1）工作电源设备跳闸。正常运行时，SA1（SA2）在投入位置，其触点 1-3、5-7、9-11、13-15 接通。电压继电器 KV 的线圈接在 110kV 母线 TV 二次电压回路。当 110kV 母线

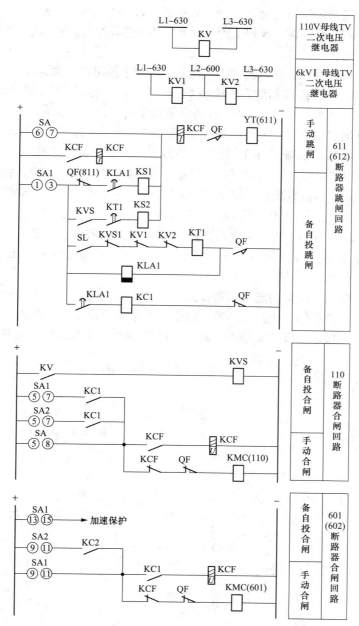

图 8-6　小容量发电机备用变压器自动投入装置回路

电压正常时，KV 的动合触点闭合，使 KVS 线圈处于励磁状态。有两个原因可导致厂用工作电源断路器 611 跳闸：一是厂用变压器电源侧断路器 811 跳闸，此时控制回路正电源经 SA1 触点 1-3、QF(811) 动断辅助触点、信号继电器 KS1 线圈至断路器 611 的跳闸线圈 YT (611)，使断路器 611 跳闸；二是 6kV 工作母线Ⅰ段因故失去电压，其电压继电器 KV1 及 KV2 的动断触点闭合起动时间继电器 KT1，正电源经 KVS 动合触点、KT1 延时触点、KS2 线圈至断路器 611 跳闸线圈 YT(611)，使 611 跳闸。SL 为 6kVⅠ段母线 TV 联动触点，只有当 TV 确实推入正常运行位置时，该触点才接通；KVS1 为 6kV Ⅰ 段母线 TV 二次侧保险熔断继电器，当熔断器熔断时，KVS1 励磁动作，其动断触点断开，使 KT1 不能动作，以防断路器 611 误跳闸。

（2）备用电源自动投入。断路器 611 跳闸后，6kV Ⅰ 段母线即脱离工作电源设备，与此同时，在继电器 KLA1 失磁后其触点尚未复归的时间内，断路器 611 的动断辅助触点使中间继电器 KC1 动作。KC1 动作后，其一对动合触点闭合，使正电源经 SA1 触点 5-7 接至断路器 110 合闸接触器线圈 KMC(110)，使断路器 110 自动合闸；同时，KC1 的另一对动合触点闭合，使正电源经 SA1 触点 9-11 接至断路器 601 的合闸接触器线圈 KMC(601)，使断路器 601 自动合闸。至此，6kV Ⅰ 段母线改由起动/备用变供电。备用电源合闸后，如果 6kV Ⅰ 母线存在故障，则正电源经 SA1 触点 13-15 加速断路器 601 保护动作跳闸，601 跳闸后，因 KLA1 已经复归，所以断路器 601 不再自动合闸。

6kV Ⅱ 段母线断路器 612 装有一套与断路器 611 相同的备自投装置，自投过程也相同。在运行中，如断路器 611、612 同时跳闸，则断路器 110 及断路器 601、602 均自动合闸，两段工作母线均改由起动/备用变压器供电。

二、大容量发电机组的备用电源自动投入

大容量发电机组的厂用一次接线的特点在于由发电机出口至厂用高压工作变压器高压侧之间采用封闭母线连接，不设置断路器，其一次接线及电压互感器配置如图 8-7 所示。

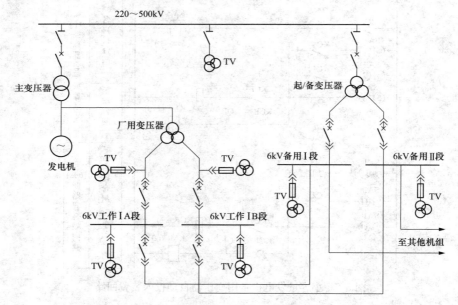

图 8-7　大容量发电机的一次接线简图

图 8-7 所示大容量发电机的一次接线中，厂用工作电源与备用电源间的自动投入，采用集成的快切装置完成。以图 8-7 中 6kV 厂用工作 Ⅰ A 段与 6kV 备用 Ⅰ 段间的自动投入配置为例，其快切装置的配置如图 8-8 所示。集成的快切装置由输入端输入各所需电气量，由输出端输出执行动作及显示所需各项指令，而从完成备用电源自动投入的逻辑要求。快切装置接线及输入输出各项目配置关系，见图 8-9 及图 8-10。

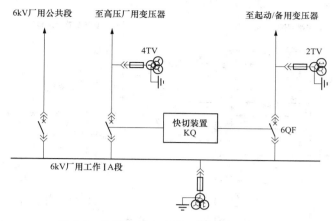

图 8-8　备用电源自动投入快切装置配置图

图 8-9　厂用电快切装置接线图（1/2）

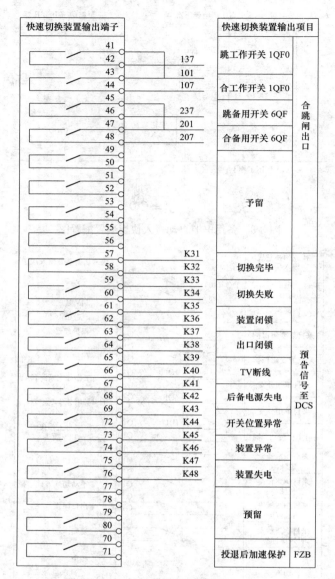

图 8-10　厂用电快切装置接线图（2/2）

图 8-8 中所示备用电源自动投入快切装置（KQ），采用的是型号为 MFC5103 的工业企业电源快速切换装置。MFC5103 作为一种综合自动化装置广泛用于大、中型工矿企业的两路电源间的切换。该装置可依据变压器差动保护，非电量保护等主保护、短线路（电缆进线）纵差保护、电源进线两侧或本侧开关跳闸等信号快速起动，并提供并联切换、串联切换、同时切换等多种切换逻辑以实现快速切换、同期捕捉切换、残压切换和长延时切换等切换方式。

图 8-8 所示的发电厂厂用高压母线的工作电源和备用电源之间的切换，是利用了 MFC5103 装置的单母线两电源的快速切换配置，实现备用电源的自动投入。以下结合图 8-9 和图 8-10 所示的输入及输出项目，介绍 MFC5103 装置在单母线配置时，其输入、输出端口

项目的含义，见表 8-1。

表 8-1　　　　　　　　　单母线接线时 MFC5103 装置输入、输出项目

输入端口				
开关量		模拟量		
1	进线 1 保护起动触点	1	母线 A 相电压	
2	进线 2 保护起动触点	2	母线 B 相电压	
3	保护闭锁	3	母线 C 相电压	
4	进线 1 开关辅助触点	4	进线 1 电压	
5	进线 2 开关辅助触点	5	进线 2 电压	
6	TV 隔离开关辅助触点	6	进线 1A 相电流	
7	手动切换	7	进线 1B 相电流	
8	手动切换方式	8	进线 1C 相电流	
9	切换退出	9	进线 2A 相电流	
10	复归	10	进线 2B 相电流	
		11	进线 2C 相电流	

输出端口				
跳合闸出口		信号出口		
1	跳进线 1	1	切换成功	
2	合进线 1	2	切换失败	
3	跳进线 2	3	切换闭锁	
4	合进线 2	4	装置失电	
		5	装置异常	
		6	联切电源	
		7	低压减载 1	
		8	低压减载 2	

　　目前大型发电厂的厂用电接线，趋向于备用电源段不带公共负荷而另设独立的公共负荷段，备用段只作为各厂用工作段的备用，且备用Ⅰ段以单独回路至各厂用工作的 A 段，备用Ⅱ段以单独回路至各厂用工作的 B 段。公共段的两电源回路由不同的厂用工作段接引，此两路电源的备用及自动投入关系也采用与上述厂用工作与备用电源间类似的集成快切装置实现。

思考与练习题

1. 利用变压器调压有哪几种方式？有载调压有什么优点？
2. 对备用电源自动投入的基本要求有哪些？
3. 试简述起动/备用变压器的作用及备用电源自动投入装置的作用。

第九章 直流操作电源系统

操作电源是为控制、信号、测量回路及继电保护装置、安全自动装置提供可靠的工作电源。由于直流电源的诸多优点，发电厂、变电站普遍采用直流电源作为操作电源。

交流电源也可以作为操作电源，但在电力系统发生故障时，系统电压严重降低甚至消失，使交流电源不能保证连续可靠地供电，控制、保护等回路及一些重要负荷失去工作电源而造成重大连带事故与损失。因此，发电厂、变电站一般以独立的直流电源作为操作电源和重要负荷的保安电源。本章主要介绍发电厂及变电站普遍使用的由蓄电池组、整流装置及馈线回路构成的直流屏操作电源系统。

第一节 概 述

一、对直流电源的基本要求

（1）保证供电的可靠性。宜装置独立的直流电源，以免在交流系统故障时，影响操作电源的供电。

（2）具有充足的容量。正常运行、异常运行及事故时，满足负荷对直流电源输出功率的要求。正常运行时，操作电源母线电压波动范围小于±5%额定值；事故时母线电压不低于90%额定值；失去浮充电源后，最大负载下的直流电源电压不低于80%额定值。

（3）波纹系数小于5%。

（4）运行、维护方便；使用寿命长；设备投资、占地等方面的合理性。

（5）按电压等级要求，直流电源应具有220、110、48、24V之一种或多种电压等级。

二、直流负荷分类

发电厂、变电站的直流负荷，按性质可分为经常性负荷、事故负荷和冲击负荷三种。

1. 经常负荷

经常负荷是在各种运行状态下，由直流电源不间断供电的负荷。它包括经常带电的直流继电器、信号灯和经常使用的直流照明灯；由直流供电的交流不停电电源 UPS 等逆变电源装置。

经常性负荷在整个直流系统负荷中所占比例较小，一般以相关工程设计手册给出的数据表格资料为依据，进行统计计算。

2. 事故负荷

事故负荷是指交流失去的事故情况下，必须由直流电源供电的负荷。它包括事故照明、汽轮机或一些重要辅助机械的润滑油泵、发电机氢冷却密封油泵和载波通讯的备用电源等。

3. 冲击负荷

冲击电流是指断路器合闸时的短时冲击电流和此时直流母线所承受的其他负荷（包括经常负荷和事故负荷）电流的总和。

冲击负荷应考虑合闸电流最大的一台断路器，或考虑厂用备用电源自动投入时实际同时合闸的断路器合闸电流之和，以大者作为计算依据。当断路器合闸时间间隔 0.25s 以上时，可按不同时合闸考虑，如只有线路自动重合闸的变电站，只需考虑最大一台断路器的合闸电流。

三、蓄电池组直流屏的构成

发电厂、变电站中的直流电源，是以安装在（主）控制室的直流屏为其体现形式。直流电源的构成有采用蓄电池组及采用电容储能、复式整流等方式，其中采用蓄电池组的方式为电力系统中直流屏的主要构成方式。直流电源系统的基本任务是将直流屏内直流母线上的直流电源分配至全厂（站）各直流负荷。

蓄电池组直流屏由电池屏（镉镍电池）、充电屏（整流设备）、馈线屏三大部分及相关表计、开关及调节器件和闪光装置、绝缘、电压监察装置构成。

1. 电池屏

直流屏中安装蓄电池组的部分。这里的电池组指体积较小，容量也较小的镉镍电池，如果采用的是铅酸电池，则一般将另处安装的蓄电池组电源回路引至充电屏的充电母线。

2. 充电屏

直流屏中安装硅整流设备的部分。整流设备将外部引来的交流电源变换为直流，为蓄电池组充电或直接供给直流负荷。

3. 馈线屏

直流屏中向各直流负荷馈线的部分。一个馈线屏可引出若干回路的直流馈线，将直流屏中各母线上的直流电源分配至各直流负荷。根据直流负荷数量的多少，直流屏中可能有一个或多个馈线屏。对于直流负荷相对集中的区域，也可采用直流分电屏的方式，先将直流屏的直流电源引至直流分电屏，再由直流分电屏将直流电源分配给各直流负荷。

经馈线将直流屏中各直流母线接引至（主）控制室信号小母线馈线网络示意图如图 9-1 所示。图中，"＋"、"－"为直流电源正、负极小母线，"⊕"为闪光小母线。

直流屏中的直流电源，除需馈给主控制室中的各个控制、保护、计量等屏、台，为其提供直流电源外，还要馈送至各级配电装置，为其提供操作电源。由直流屏至各级电压配电装置的直流操作电源馈线示意图如图 9-2 所示。

在发电厂中，发电机组的润滑油泵及发电机氢冷却密封油泵是由直流供电的，这是为了保证在交流电流失去时，上述油泵也能可靠工作。由直流屏为直流润滑油泵、氢冷密封油泵配电盘等组成，其直流负荷供电的馈线网络示意图如图 9-3 所示。

采用直流分电盘分配直流负荷辐射式供电网络如图 9-4 所示。

四、蓄电池

1. 蓄电池的种类

按电解液的不同蓄电池可分为酸性蓄电池和碱性蓄电池两种。

酸性蓄电池常采用铅酸蓄电池。铅酸蓄电池端电压较高（2.15V），冲击放电电流较大，适用于断路器合、跳闸时的冲击负载。但是铅酸蓄电池寿命短、体积大，维护量大，充电时逸出有害的硫酸气体。因此，蓄电池室需设置复杂的防酸和防爆设施。

碱性蓄电池有铁镍、镉镍等种类。碱性蓄电池有体积小、寿命长、维护量少等优点，但事故放电电流较小。由于不需要设置蓄电池室而直接安装于直流屏中，发电厂、变电站常采

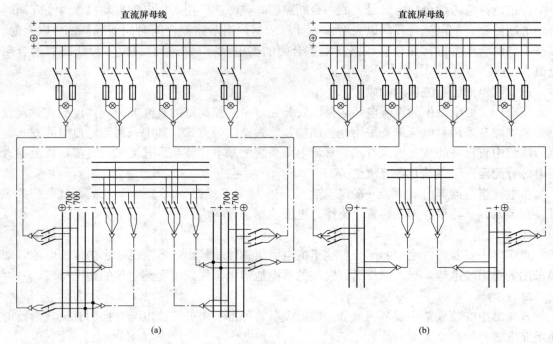

图 9-1　主控制室控制、信号小母线馈线网络示意图

(a) 控制和信号小母线分开；(b) 控制和信号小母线合并

用镉镍碱性蓄电池。

2. 蓄电池组的容量

实际运行中，是将若干蓄电池串接在一起，按其端电压达到规定工作电压要求而投入运行的。蓄电池组的容量是蓄电池组的蓄电能力和工作能力的主要指标，以 A·h（安·时）为单位表示。

蓄电池组的容量是蓄电池组充满电后投入工作，至放电到其端电压降低到最小允许电压的过程中所释放出的容量，当以恒定电流放电时，其容量可表示为放电电流与放电时间的乘积，即

$$Q = It \tag{9-1}$$

式中：Q 为蓄电池容量，A·h；I 为恒定放电电流，A；t 为放电时间，h。

由于蓄电池组具有以较小放电电流工作时，达到允许最低工作电压的时间就较长，而放出的容量也较大。反之，以较大放电电流工作时，达到允许最低工作电压的时间就较短，而放出的容量也较少。由于蓄电池具有的这个特性，因此需要规定一个标准的放电时间或放电电流来规范蓄电池组容量的描述。在以蓄电池组达到最低允许电压为截止的前提下，规定了放电时间或放电电流两者中任意一个，则二者的乘积即为规范化了的蓄电池组的容量。

制造厂家通常以 10h 放电率放出的电量标明蓄电池组的额定容量，是指以某个固定电流放电时，蓄电池组降压至允许端电压的时间刚好是 10h，则此放电电流的安培数与 10 的乘积即为其额定容量。

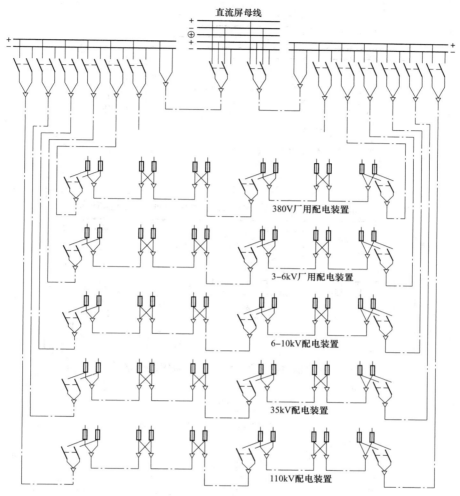

图 9-2　各级电压配电装置的直流操作电源馈线示意图

3. 放电率

蓄电池组放电至允许终止电压的快慢称为放电率。放电率可用放电电流的大小表示，也可用放电至终止电压的时间表示。例如某组 216A·h 容量的蓄电池，若用电流表示放电率，则为 21.6A 率；若用时间表示，则为 10h 率。

蓄电池不允许用过大的电流放电，但是可以在几秒钟的短时间内承担冲击电流，此电流可以比长期放电电流大得多。因此，它可作为电磁型操动机构的合闸电源。每一种蓄电池都有其允许最大放电电流规定值，其允许放电时间约为 5s。

4. 基本电池和端电池

按运行方式的不同，直流系统中的电池组有基本电池和基本电池加端电池两种组合方式。

为了维持直流母线的电压，需要逐渐增加投入工作的电池组所串联的蓄电池数量。这部分用来增加蓄电池数量的电池称为端电池，而另一部分固定串联不能逐步增加或退出的电池称为基本电池。

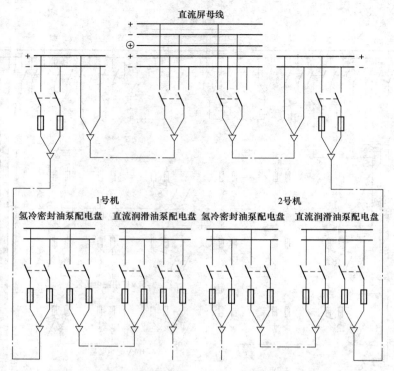

图 9-3 直流润滑油泵和氢冷密封油泵馈线网络示意图

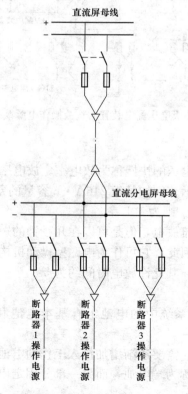

图 9-4 直流分配直流负荷电屏辐射式供电网络示意图

蓄电池组中蓄电池数量，决定于直流母线工作电压、电池组工作方式及单只蓄电池在充满电和放电到允许最小值时的端电压。对于直流母线额定电压为 220V 的直流系统，按高于额定电压 5% 考虑，其蓄电池组输出电压应为 $1.05U_N=1.05\times220\approx230V$。若单只蓄电池放电终止电压为 1.75V，则蓄电池总数量为 $n=230/1.75\approx130$ 只。若单只蓄电池充电终止电压为 2.7V，则基本电池总只数 $n_0=230/2.7\approx88$ 只，端电池数 $n'=n-n_0=42$ 只。对于不设端电池的蓄电池组，按其运行方式全部蓄电池长期处于充满电状态，若单只蓄电池电压取 2.15V，则蓄电池总只数为 $n=230/2.15\approx108$ 只。

第二节　蓄电池直流系统的运行方式

一、充电—放电运行方式

充电—放电运行方式就是在脱离充电电源的情况下，由充电完成的蓄电池组承担全部直流负荷，待蓄电池组工作放电到一定程度后，再由充电装置对蓄电池充电。如此循环，故称之为充电—放电运行方式。通常充电—放电运行方式每 1～2 昼夜就要充电一次，操作频繁，电池容易老化，极板也容易损坏，所以这种运行方式很少采用。下面以图 9-5 为例，说明充电—放电运行方式的运行操作过程。

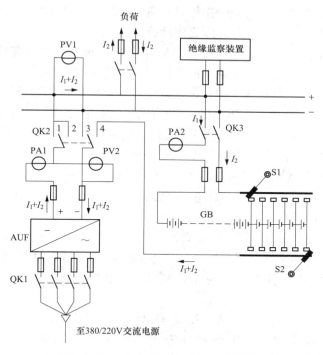

图 9-5　充电—放电运行方式直流系统接线图

蓄电池组由基本电池和端电池两部分串联组成。在充电和放电过程中，开关 QK3 均处于合闸位置。充电初始时，手柄 S2 应置于最右边位置，以使全部蓄电池都接受充电。合上硅整流器的交流电源开关 QK1，调节其输出电压使之略高于工作母线电压 1～2V，然后将开关 QK2 投向右侧 2、4 位置，此时，整流器承担直流母线上的负荷电流 I_2 及蓄电池充电

电流 I_1。随着充电时间的延续，蓄电池组端电压逐渐升高，充电电流 I_1 逐渐减小。为了保持充电电流不变，应不断提高整流器的输出电压。为了保持母线电压不变，在调节提高整流器输出电压的同时，用手柄 S1 逐渐减少投入母线的端电池数量。当充电终止时，手柄 S1 应移至基本电池尾部位置。

由于端电池放电时投入较晚，工作放电时间短，而充电时承受的充电电流又大（I_1 ＋ I_2），为了防止充电过度，充电时应及时用手柄 S2 将充满电的电池切除。当全部蓄电池充满电时，S1、S2 均应移至最左侧位置。

充电完成后，拉开整流器两侧开关 QK1、QK2，蓄电池组即投入使用，由蓄电池组经直流母线向负荷放电。此过程中，为了维持直流母线电压，应及时调整 S1 的位置，以增加投入工作的蓄电池数量。放电终止时，S1 应移至最右侧位置。为了保证直流母线的供电可靠性，当蓄电池组放电至额定容量的 80％ 时，即应停止放电，按前述方法进行充电。

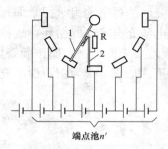

图 9-6　端电池调整器
接线示意图

为防止在操作切换端电池时，造成充、放电回路断路及局部蓄电池短路，手柄 S1 和 S2 的主触点 1 带有一个辅助触点 2，主触点和辅助触点间经电阻 R 连接，如图 9-6 所示。当操作转动手柄时，主触点先离开静触点，辅助触点后离开静触点，中间过程由手柄主触点和辅助触点经电阻跨接于静触点之间，从而防止了操作过程造成断路及静触点间所接蓄电池短路。

二、浮充电运行方式

此运行方式是将充好电的蓄电池组与整流设备并联运行，此并联运行的整流设备又称为浮充电设备。浮充电设备除了向母线上的经常性直流负荷供电外，同时还以较小的电流向蓄电池组充电，以补偿蓄电池组的自放电损耗，使蓄电池组经常处于充满电状态。当出现较大负荷时（如断路器合闸、多个断路器同时跳闸、直流电动机起动等），主要由蓄电池组承担向短时较大冲击负荷供电的任务，而浮充电设备只能提供略高于其额定输出的电流而不适合承担提供冲击电流的任务。当交流电源故障时，所有直流负荷则全部由蓄电池供电。蓄电池浮充电运行方式，既提高了直流系统的供电可靠性，又大大减少了充电次数，使蓄电池寿命得以提高，所以得到广泛应用。

图 9-7 为蓄电池按浮充电运行方式的直流系统接线示意图。该系统采用双母线方式，以提高供电可靠性。配置两套硅整流装置，一套容量较大的（AUF2）作为蓄电池充电用；另一套容量较小的（AUF1）作为蓄电池浮充电用。蓄电池组采用基本电池加端电池的组合方式。

浮充电运行时，浮充电整流装置 AUF1 输出侧开关 QK3 位于 1、3 位置，蓄电池回路开关 QK 也位于 1、3 位置，蓄电池与浮充电整流装置并联运行。此时，浮充电装置 AUF1 同时供给浮充电电流和负荷电流。浮充电电流很小，约为 10h 率放电电流的 1％，用以补充蓄电池自放电损耗，使蓄电池经常处于充满电状态。当交流失去时，转为由蓄电池放电运行。此时为了维持直流母线电压，应及时调整调节手柄，增加投入运行的端电池数量。

图 9-8 为浮充电运行方式的直流系统接线方式示意图。

直流母线采用双母线分段，各段母线上都装有一组蓄电池和一套直流装置。另设套整流

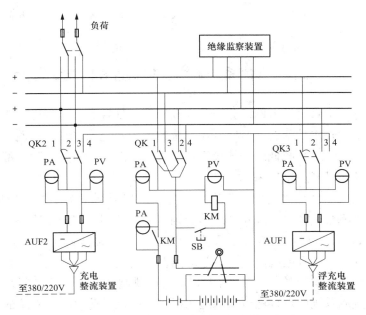

图 9-7　浮充电运行方式的直流系统接线示意图（一）

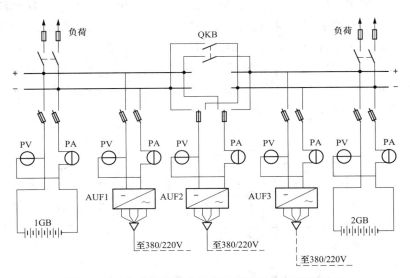

图 9-8　浮充电运行方式的直流系统接线示意图（二）

装置跨接于两段母线作为公共备用。蓄电池组不设端电池部分，正常运行为分段运行方式，各段母线上的充电装置向本段母线上的蓄电池浮充电。

当任何一段母线上的蓄电池组需要退出运行时，先将两母线电压调整一致，然后合上母线联络开关 QKB，使两母线并列运行，再断开待退出的蓄电池组，由一组蓄电池运行。如果某段母线的充电装置要退出运行，只需将备用充电装置输出电压调整至与该母线电压一致，然后将备用充电装置输出侧开关投向该母线，就可退出该母线的充电装置。

由于直流供电回路产生的电压降，直流母线的运行电压，应高于其额定电压的 5％～

10%。浮充电的直流系统，因蓄电池经常处于充满电状态，输出电压也偏高，此特点正适合直流系统的需要。

第三节　直流系统绝缘监察装置和闪光装置

发电厂和变电站中直流供电网络分布范围较广，所处各类环境也比较恶劣，加之直流系统馈线数量多且绝缘外皮较薄弱，所以直流系统的电压及绝缘水平容易发生变化。无论由于潮湿等原因造成的绝缘水平减低或是绝缘损坏造成的直流系统短路故障，都将直接影响二次回路运行的可靠性并带来严重后果。

直流系统发生一点接地时，由于没有短路电流，熔断器不会熔断，所以仍可以继续运行。但这种接地故障必须及时发现及处理，否则将引起控制、信号回路、继电保护及自动装置不正确动作。如图 9-9 所示，若直流系统正极已有 A 点接地，又在 B 点发生接地时，则断路器跳闸线圈 YT 中就有电流流过，引起断路器误跳闸；而在负极存在接地，B 点又发生接地时，则当保护动作跳闸时（触点 K 闭合），由于跳闸线圈被短接，断路器拒动且熔断器熔断。为了防止直流系统两点接地可能引起的误动、拒动及监察直流系统的绝缘水平，必须在直流系统安装灵敏、可靠的绝缘监察装置。根据相关规定，当使用 $500\sim1000V$ 的兆欧表测量时，直流母线的绝缘电阻在断开所联相关支路时不应小于 $10M\Omega$；二次回路每一支路和断路器、隔离开关操作机构的电源回路的绝缘电阻不应小于 1 或 $0.5M\Omega$。因为直流系统绝缘水平的降低，相当于系统中发生某一点经一定电阻接地。当 220V（110V）直流系统绝缘下降到 $15\sim20k\Omega(2\sim5k\Omega)$ 时，绝缘监察装置能发出灯光及音响信号，并通过装置能判断出直流系统哪一极乃至哪一支路绝缘下降。应该指出，绝缘水平的规定是与系统安全、可靠运行的需要及装置的检测能力均相关的指标。

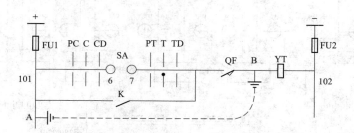

图 9-9　直流系统两点接地引起断路器误动、拒动图例

另外，为了监视直流系统电压的运行情况，直流系统也安装有电压监察装置，当直流系统电压升高或降低至超出允许范围时，也应发出灯光及音响信号。

一、绝缘监察装置工作原理

简单的绝缘监察装置由电压表 PV 和转换开关 SA 组成，如图 9-10 所示。表 9-1 为转换开关 SA（LW2-W-6a、6、1/F6 型）触点表，它有"m（母线）"、"－对地"、"＋对地"三个位置。根据母线电压表 PV 测得的电压值，粗略地估算出来的估算正、负母线对地绝缘电阻，从而达到绝缘监察的目的。

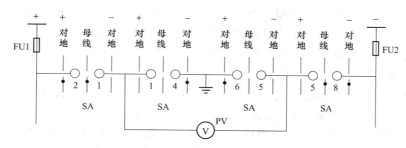

图 9-10　绝缘监察装置原理接线图

表 9-1　　　　　　　　　　　　LW2-W-6a、6、1/F6 型转换开关触点图表

在"母线"位置手柄(正面)样式和触点盒(背面)接线	母线 + ↑ −	1 2 / 4 3		5 6 / 8 7		9 10 / 12 11	
手柄和触点盒	F6	6a		6		1	
触点号 位置	—	1-2	1-4	5-6	5-8	9-11	10-12
m(母线)	▮	●	—	—	●	●	—
+对地	◣	—	●	●	●	—	—
−对地	◣	—	●	●	—	—	—

转换开关 SA 平时置于"m（母线）"位置，其触点 1-2、5-8 接通，电压表 PV 测量正、负极母线间电压 U_m；SA 切换至"＋对地"位置时，其触点 1-2、5-6 接通，此时测量正极母线对地电压 $U_{(+)}$；SA 切换至"一对地"位置时，其触点 5-8、1-4 接通，此时测量负极母线对地电压 $U_{(-)}$。则正、负极母线绝缘电阻可估算为

$$R_{(+)} = R_V\left(\frac{U_m - U_{(+)}}{U_{(-)}} - 1\right) \tag{9-2}$$

$$R_{(-)} = R_V\left(\frac{U_m - U_{(-)}}{U_{(+)}} - 1\right) \tag{9-3}$$

式中：$R_{(+)}$、$R_{(-)}$ 为直流正、负极母线绝缘电阻，Ω；$U_{(+)}$、$U_{(-)}$ 为直流正、负极母线对地电压，V；U_m 为直流母线电压，V；R_V 为母线电压表 PV 的内阻，Ω。

当测得的 $U_{(+)}$ 为零，$U_{(-)}$ 也为零，说明直流系统绝缘良好；当测得的 $U_{(+)}$ 为零，$U_{(-)}$ 等于 U_m，说明直流母线正极接地，反之说明负极接地；当测得的 $U_{(+)}$ 和 $U_{(-)}$ 均不为零，可根据式（9-2）和式（9-3）估算正、负极母线对地绝缘电阻 $R_{(+)}$ 和 $R_{(-)}$，再根据绝缘电阻允许值，判断哪一极绝缘下降。

这种绝缘监察装置需要人工操作，主要用于小型变电站，在发电厂和大、中型变电站中作为辅助的绝缘监察装置，用来估算哪个母线绝缘降低。

二、电磁型继电器构成的绝缘监察装置

电磁型继电器构成的绝缘监察装置是电力系统中广泛采用的一种绝缘监察装置，由信号和测量两部分组成。其中，信号部分用来判断直流系统绝缘是否下降或接地。若下降到一定程度或接地，则发出灯光和音响信号；测量部分用来判断直流系统那一极绝缘下降或接地，并为查找接地点提供依据。两部分都是由直流电桥平衡原理构成。可以一组母线配置一套监察装置，也可以两组母线共用一套。

电磁型继电器构成的绝缘监察装置如图 9-11 所示。图 9-11 中，直流母线采用单母线分段接线方式，两段直流母线（Ⅰ、Ⅱ）共用一套绝缘监察装置。绝缘监察装置的测量部分由转换开关 SA、电压表 PV1 和 PV2 组成，为两段直流母线共用。电压表 PV1 为电压和电阻的双刻度表，电阻的零刻度位于电压表尺 1/2 处，且与直流系统额定电压相对应。两段直流母线各有一套信号部分，其中一套由信号继电器 K1、转换开关 SM（LW2-2、2、2、2/F4-8X 型）、电阻 R1 和 R2、断路器 QK1 和 QK2 的动断辅助触点组成，另一套由信号继电器 K2、转换开关 SM1（LW2-2、1、1、7/F4-8X 型）、电阻 R3、R4、R5 等组成。QK1 和 QK2 分别为投入Ⅰ组母线和Ⅱ组母线的断路器，当两段母线并列运行时，两断路器均为投入，则其动断辅助触点都断开，信号继电器 K1 线圈接地回路被断开，此时绝缘监察装置只保留一套信号部分。

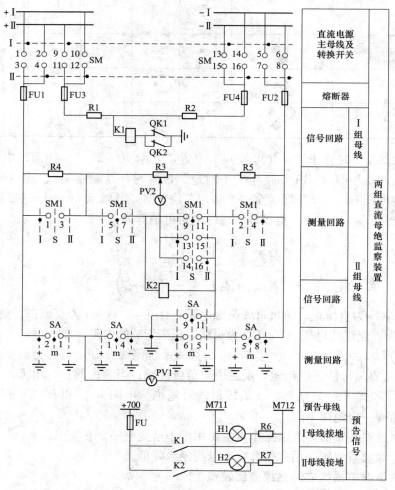

图 9-11　电磁型继电器构成的绝缘监察装置

1. 正常检测

正常检测时将转换开关 SA（LW2-W-6a、6、1/F6 型，其触点表见表 9-1）切换到"母线"位置，其触点 1-2、5-8 接通，将电压表 PV1 接于直流正、负母线上，测量直流系统电压 U_m。

转换开关有"Ⅰ""Ⅱ"两个工作位置，可任意置于一个位置。若将 SM 切换到"Ⅱ"位置，其触点 2-4、10-12、14-16、6-8 接通。触点 10-12、14-16 接通，使直流Ⅰ段母线接入由继电器 K1、电阻 R1、R2 等组成的信号部分，并与测量部分分开；触点 2-4、6-8 接通，使直流段Ⅱ母线接入由继电器 K2、电阻 R3、R4、R5 等组成的信号部分，并且同时接入测量部分。此时Ⅰ段母线接有信号部分，Ⅱ段母线接有信号和测量部分，其测量部分为两段母线共用。

转换开关 SM1 有测量"Ⅰ"、测量"Ⅱ"和信号"S"三个位置。正常时切换到信号"S"位置，其触点 5-7、9-11 接通，电阻 R3 被短接。

直流系统正常运行时，电压表 PV1 的读数为直流系统额定电压。电阻 R1、R2（$R_1=R_2$）与直流正、负极母线接地电阻 R(+)、R(−) A 组成四臂电桥，此时电桥平衡，信号继电器 K1 不动作，其工作原理如图 9-12 所示。同理，由电阻 R4、R5（$R_4=R_5$）与直流正、负极母线接地电阻 R(+)、R(−)A 组成四臂电桥，因为电桥平衡，信号继电器 K2 也不动作。

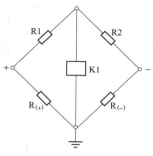

图 9-12　直流系统接地信号工作原理图

2. 母线绝缘降低检测

当母线绝缘下降时，电桥平衡关系破坏，信号继电器动作，发出灯光及音响信号。将转换开关切换至"＋对地"位置，测得直流母线正极对地电压 $U_{(+)}$；再将 SA 切换至"−对地"位置，测得直流母线负极对地电压 $U_{(−)}$。根据式（9-2）和式（9-3）粗略计算母线正、负极绝缘电阻，若Ⅰ母线正极绝缘电阻变小，则初步判断Ⅰ母线正极绝缘下降，再将 SA 切换至"母线"位置，其触点 1-2、5-8 接通，为用转换开关 SM1 和电压表 PV2 精确测量Ⅰ段母线正、负极绝缘电阻做好准备。测量方法如下：

（1）将 SM1 置于"Ⅰ"位置，此时其触点 1-3、13-15 接通，接入电压表 PV2 并将 R4 短接，调节 R3，使 PV2 指示为零，读取 R3 百分数 X 值。

（2）再将 SM1 置于"Ⅱ"位置，此时触点 2-4、14-16 接通，接入电压表 PV2 并短接 R5，PV2 指示的数值为直流系统对地总绝缘电阻 R，则正、负母线对地的绝缘电阻为

$$R_{(+)} = \frac{2R}{2-X} \tag{9-4}$$

$$R_{(−)} = \frac{2R}{X} \tag{9-5}$$

式中：R 为直流系统总的对地绝缘电阻值，Ω；X 为 R3 电阻刻度百分值。

（3）若判断为负母线绝缘下降时，先将 SM1 切换至"Ⅱ"位置，其触点 2-4、14-16 接通，接入电压表 PV2 并短接 R5。调节 R3，使 PV2 指示为零，读取 R3 的百分数 X 值。再将 SM1 切换至"Ⅰ"位置，此时 PV2 指示的数值为直流系统对地总绝缘电阻 R，则正、负

母线对地的绝缘电阻为

$$R_{(+)} = \frac{2R}{1-X} \tag{9-6}$$

$$R_{(-)} = \frac{2R}{1+X} \tag{9-7}$$

式中：R 为直流系统总的对地绝缘电阻值，Ω；X 为 R3 电阻刻度百分值。

　　当正、负母线对地绝缘均等下降时，由于电桥保持平衡，绝缘监察装置的信号部分不能发出信号，这是电磁型继电器构成的绝缘监察装置的主要缺点。因此，在大型发电厂和变电站的直流系统中，一般采用微机绝缘监察装置。

三、微机直流系统绝缘监察装置

　　微机直流系统绝缘监察装置集电压、绝缘监察为一体，体积小，使用方便，检测准确，因此得到广泛应用。微机直流系统绝缘监察装置工作原理如图 9-13 所示。

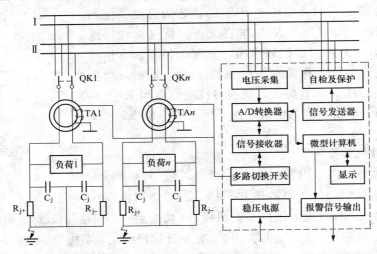

图 9-13　微机直流监察绝缘装置原理框图

1. 常规监测

　　用两套交换分压器，测得母线电压、正极对地电压、负极对地电压，将测得数据送入 A/D 转换器，经微机数据处理后，数字显示电压和绝缘电阻值，其测量无死区。该装置与中央信号装置配合使用，当直流系统绝缘电阻过低或接地时，对应触点接通中央信号光字牌发出预告信号。同样当直流母线电压过高或过低时，对应触点发出相应的预告信号。报警整定值可选定。

2. 支路扫查

　　各分支回路的正、负出线上都套有一小型电流互感器 TA1～TAn，当直流系统绝缘电阻过低或接地时，以低频信号源通过两个隔离耦合电容向直流正、负母线发送交流探测信号。由于通过互感器的直流分量大小相等、方向相反，它们产生的磁场相互抵消，而发送在正、负母线上的交流信号电源幅值相等、相位相同，则在互感器二次侧就可反映出正、负极对地绝缘电阻（R_{j+}、R_{j-}）和分布电容 C_j 的泄漏电流向量和，然后取出阻性分量，送入 A/D 转换器，经微机数据处理后，可计算出绝缘电阻阻值，并判断出故障支路序号。整个绝缘监察是在不切断分支回路的情况下进行的，因而提高了直流系统供电可靠性，且监测无死区，在直流电源消失的情况下仍可实现监测。监测结果可保存及显示或打印输出。

3. 接地支路查找

如果直流系统存在非金属性接地，起动信号源，该装置可以将所有接地支路找出。如果存在一个或一个以上的金属性接地点，该装置只能找出距装置最近的金属性接地支路，因为信号源所发出的信号被这条支路所短接，其他金属性接地支路不再有探测信号通过，故其他接地点查找不出。只有先将找出的最近一条金属性接地支路故障排除后，才能依次第二条最近的金属性接地支路，直至找出所有接地支路。

4. 自检测

能自动检测装置各部分运行情况，如有异常会及时报警。

四、电磁型继电器构成的电压监察装置

直流母线电压过高并长期带电的设备（如继电器、信号灯等），会被烧坏或缩短使用寿命；电压过低，可能使继电保护及自动装置、断路器操动机构动作失败。为了监视直流母线电压，防止出现电压过高或过低状况，在直流系统中都安装有电压监察装置。

电压监察装置由一只过电压继电器和一只低电压继电器组成，如图 9-14 所示。当直流母线电压低于整定值（$0.75U_N$）时，KV1 动作，其动断触点接通点亮光字牌 H1，并发出音响信号；当直流母线电压高于整定值（$1.25U_N$）时，KV2 动作，其动合触点接通点亮光字牌 H2，并发出音响信号。值班人员根据信号及时处理。

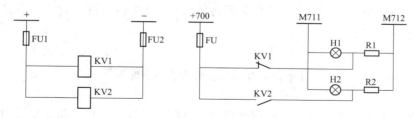

图 9-14 直流系统电压监察回路

五、闪光装置

电力系统中的直流系统，都装有闪光装置，作为断路器控制回路的闪光电源及其他需要闪光信号灯的闪光电源。提供闪光电源的设备安装于直流屏上。

由 DX-3 型闪光继电器构成的闪光装置接线如图 9-15 所示。图中，左侧虚框内为闪光继电器内部接线、右侧虚框为某断路器位置信号回路、SB 为试验按钮、HW 为白色信号灯。

正常运行时，HW 稳亮，表明直流电源回路完好，闪光小母线 M100（＋）不带电。当按下试验按 SB 时，HW 变为忽明忽暗地闪亮。

按下 SB 的瞬间，闪光继电器中的中间继电器 KC 的线圈，经其动断触点 KC、电阻 RP、SB 上触点、电阻 R 接通正负电源。随着电容 C 充电，HW 亮度变弱，KC 两端电压逐渐升高。经一定延时后，电容 C 两端电压升高到 KC 动作，其动合触点闭合使闪光小母线直接连通电源正极，信号灯 HW 由于承受电压升高而变亮。同时，KC 的动断触点断开而使电容 C 对 KC 线圈放电，经一定延时后，C 两端电压低至 KC 返回复归，其触点翻转又开始 C

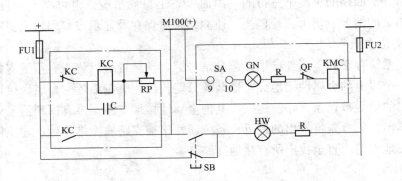

图 9-15 闪光装置接线图

的充电过程，HW 由亮变暗。如此反复，使 HW 闪光，直到松开 SB 为止。

中间继电器 KC 的一对动合和一对动断触点，是由一个动作切换的两对触点，每次切换时，原来闭合的触点先断开，断开的触点后闭合，切换过程中有两对触点同时断开的短暂瞬间，即 HW 有一个短暂熄灭的时间。闪光的频度感觉，由闪光继电器中的电容的充、放电时间决定。

运行中，当有断路器事故跳闸时，通过断路器控制回路的"不对应"关系，将负电源接至闪光小母线 M100（＋），闪光继电器的动作过程与按下试验按钮 SB 时相同，断路器控制回路的绿色信号灯变为闪光，直至运行人员将控制开关 SA 转为跳闸后的对应关系位置，使其触点 9-10 断开为止。

第四节　事故照明电源切换装置

发电厂和变电站的主要部位，如控制室、户外配电装置、重要设备、重要通道等，都配有两套照明系统，一套为正常照明，一套为事故照明。正常照明由交流电源供电，事故照明平时也由交流供电，在交流照明电源失去的事故情况下，自动切换至直流电源供电。事故照明灯具应选用起动性能好的灯具。

图 9-16 为事故自动照明切换回路图。正常运行时，三相开关 QK 在合闸位置，照明配电箱的交流电源电压正常时，电压继电器 KV1、KV2、KV3 均为励磁动作状态（整定值为 $80\%U_N$），其动断触点断开，动合触点闭合；接触器 KM2、KM3 为失磁状态并保持在返回位置；接触器 KM1 线圈为励磁状态，其主触点将交流电压接至照明配电箱母线。正常运行时，各条照明出线 $1\sim n$ 均由交流 220V 相电压供电。

当任意一相交流电源电压因故降低到一定程度、消失，或三相交流电源电压同时降低、消失时，故障相电压继电器线圈失磁返回，其动合触点断开接触器 KM1 线圈回路，KM1 线圈失磁复归，其主触点断开三相交流电源；故障相的电压继电器的动断触点闭合，接通 KM2 的线圈回路，KM2 动作使原交流三相母线短接并接至直流电源正极；KM3 相继动作使原中性点母线接至直流电源负极。由此，照明配电箱事故照明各出现改由直流 220V 电源供电，以保证重要场所在事故情况下照明不间断。

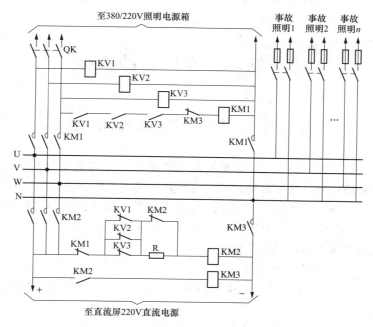

图 9-16　事故照明自动切换回路图

1. 蓄电池组直流屏由哪几部分构成的？
2. 直流系统中的蓄电池组有哪几种工作方式？
3. 发电厂中的直流负荷有哪些？
4. 若一蓄电池组的额定容量为 120A·h，那么其 10h 率放电电流值为多少？
5. 端电池的作用是什么？
6. 绝缘监察装置和电压监察装置的作用是什么？

第十章 二次设备的选择

第一节 二次回路保护设备的选择

二次回路的保护设备一般采用熔断器或低压断路器（自动空气开关），用来在二次回路发生短路时切除短路故障，并在修护、调试时断开或接通二次回路电源。

熔断器或低压断路器（小型）的选择原则是当所接回路为最大负荷时不应熔断或跳闸；当所接回路发生短路时应可靠熔断或跳闸，并保证选择性。

对于不同用途的熔断器选择方法如下。

1. 控制和信号回路熔断器的选择

220V 直流回路熔断器的熔件，一般选取额定电流为 6A，中央信号回路熔断器熔件一般选取额定电流为 6～8A。

2. 电压互感器二次侧熔断器的选择

电压互感器二次侧熔断器应保证电压回路最远处发生两相短路时能可靠熔断，其熔断时间应小于相连继电保护装置动作时间。对应双母线的两组电压互感器，每组电压互感器的熔断器应能承受两组电压互感器正常负荷之和。

3. 电压互感器二次侧低压断路器及其动作电流的选择

当电压互感器二次回路最远端两相短路时，相连继电保护装置输入电压低至额定电压的 70% 以下，自动开关应动作跳闸，其关系式为

$$U_{\text{w·min}} - K_{\text{rel}} I_{\text{op}} Z_2 = U_{\text{N}} \tag{10-1}$$

式中：$U_{\text{w·min}}$ 为最小工作电压，取为 $0.9U_{\text{N}}$；K_{rel} 为可靠系数，取为 1.3；I_{op} 为低压断路器动作电流；Z_2 为开关安装处至继电保护安装处两相短路环路阻抗；U_{N} 为电压互感器额定电压，按 100V 计。

则式（10-1）可简化为

$$I_{\text{op}} \approx \frac{15}{Z_2} \tag{10-2}$$

低压断路器动作电流还应该大于电压互感器二次侧最大负荷电流，并有一定可靠系数，即

$$I_{\text{op}} = K_{\text{rel}} I_{\text{L·max}} \tag{10-3}$$

式中：$I_{\text{L·max}}$ 为电压互感器二次侧最大负荷电流；K_{rel} 为可靠系数，取为 1.5～2。

取式（10-2）和式（10-3）两式中数值大的作为低压断路器的动作电流，并按下式校验其灵敏度

$$K_{\text{sen}} = \frac{I_{\text{SC·min}}^{(2)}}{I_{\text{op}}} \tag{10-4}$$

式中：$I_{sc.min}^{(2)}$ 为电压互感器最远处最小两相短路电流；K_{sen} 为灵敏系数。

按式（10-4）求得的灵敏系数，应大于或等于 2。

4. 合闸回路熔断器的选择

断路器的合闸线圈时按照短时通电设计的。合闸回路熔断器保护合闸线圈使之通电时间不致过长，同时又要满足合闸成功的合闸电流要求。熔断器的熔断时间，应略大于合闸接触器主触点由接触到断开的时间。一般选择的原则为当合闸线圈通电时间达到断路器额定合闸时间的 1.3～1.8 倍时，熔断器应及时熔断。

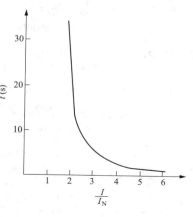

图 10-1　铅丝熔断特性

如某电磁操动机构的断路器的额定合闸电流是244A，额定合闸时间是 0.65s，熔断器熔件为铅丝，则合闸回路熔断器熔件的选择方法如下：熔断器熔断时间选择为 1.8×0.65≈1.2s。从如图 10-1 所示的铅丝熔断器特性曲线查得，对应 1.2s 熔断时间的电流约为熔件电流的 5 倍，或者反过来说，选择的熔件电流为断路器合闸电流的 1/5 倍，则熔件电流为

$$I_N = \frac{244}{5} \approx 50 \ (A)$$

第二节　控制和信号回路设备的选择

一、控制回路中间继电器的选择

1. 断路器合、跳闸继电器的选择

断路器合、跳闸继电器均为电压起动的中间继电器。其额定电压按等于操作电源额定电压选择。跳闸继电器的电流保持线圈的额定电流按等于相串联跳闸线圈额定电流的 0.5～0.6 倍选择。

2. 断路器防跳跃继电器的选择

防跳跃继电器为电流起动电压保持的中间继电器。其电流线圈的额定电流按等于相串联跳闸线圈额定电流的 0.5～0.7 倍选择；其电压线圈的额定电压，按等于操作电源额定电压选择。

3. 跳、合闸位置继电器的选择

跳、合闸位置继电器均为电压起动的中间继电器，应按同时满足以下三个条件选择。

（1）当直流电源母线电压降低至额定电压的 85% 时，施加于该继电器的电压应大于该继电器额定电压的 70%。

（2）长期通过相串联的合、跳闸线圈的电流，应小于跳、合闸线圈最小动作电流及热稳定电流。

（3）中间继电器触点的数量和容量，应满足回路的需要。

二、信号继电器的选择

1. 并联信号继电器

并联信号继电器额定电压等于操作电源额定电压。

2. 串联信号继电器

电流型串联信号继电器按满足以下条件选择。

　　（1）在额定操作电压下，当所在回路接通时，流过信号继电器的电流应大于该继电器额定电流的 1.4 倍，即灵敏度系数 $K_{sen} \geqslant 1.4$。

　　（2）当信号继电器与中间继电器的电压线圈串联使用时，在 80% 额定操作电压下，当所在回路接通时，信号继电器线圈的压降不应大于额定操作电压的 10%。

　　（3）当所在回路接通时，流过信号继电器的电流应小于其额定电流的 3 倍。

　　在有可能发生几种保护同时动作，使几个串联的信号继电器同时接通的情况下，应按实际情况进行核算。如果选用的串联信号继电器不能满足上述三项要求，则可选用适当的附加电阻并联于出口中间继电器线圈。对于附加电阻的要求，一是电阻的容量应满足热稳定的要求；二是当保护动作时回路的电流应满足保护回路触点容量的要求。表 10-1 及表 10-2 列出了按上述原则选择的串联信号继电器及其出口中间继电器附加电阻的有关参数。

表 10-1　　　　　　　　　电流信号继电器及出口中间继电器附加电阻参数表（220V）

中间继电器电阻值	中间继电器并联数量	信号继电器可能同时动作数量	中间继电器		附加电阻		起动回路触点容量（W）
			额定电流（A）	线圈电阻（Ω）	电阻值（Ω）	容量（W）	
17 000Ω (2.85W)	1	1	0.025	320	8000	25	8.9
		2	0.025	320	3000	50	19.0
		3	0.05	70	1100	75	47.0
	2	1	0.015	1000	—		5.7
		2	0.025	320	4000	50	17.8
		3	0.05	70	1100	75	49.6
12 400Ω (3.9W)	1	1	0.025	320	8000	25	10.0
		2	0.025	320	3000	50	20.0
		3	0.05	70	1100	75	48.0
	2	1	0.025	320	12000	25	11.8
		2	0.025	320	5000	25	17.5
		3	0.05	70	1200	75	48.2
9700Ω (5W)	1	1	0.025	320	8000	25	11.0
		2	0.025	320	4000	50	17.1
		3	0.05	70	1100	75	49.0
	2	1	0.025	320	—		10.0
		2	0.025	320	5000	25	19.7
		3	0.05	70	1200	75	50.2
7000Ω (7W)	1	1	0.025	320	8000	25	13.0
		2	0.025	320	5000	25	16.6
		3	0.05	70	1200	75	47.0
	2	1	0.025	320	—		13.9
		2	0.025	320	8000	25	19.8
		3	0.05	70	1400	75	48.4

表 10-2　　　　电流信号继电器及出口中间继电器附加电阻参数表（48V）

中间继电器电阻值	中间继电器并联数量	信号继电器可能同时动作数量	中间继电器		附加电阻		起动回路触点容量（W）
			额定电流（A）	线圈电阻（Ω）	电阻值（Ω）	容量（W）	
900Ω (2.5W)	1	1	0.1	18	500	25	7.15
		2	0.1	18	150	50	18.0
		3	0.15	8	80	75	31.4
	2	1	0.1	18	1000	25	7.4
		2	0.1	18	200	50	16.5
		3	0.15	8	80	75	33.8
660Ω (3.5W)	1	1	0.1	18	500	25	8.1
		2	0.1	18	200	50	15.0
		3	0.15	8	80	75	32.3
	2	1	0.1	18	1000	25	9.3
		2	0.1	18	300	50	14.6
		3	0.15	8	80	75	35.7
460Ω (5W)	1	1	0.1	18	1000	25	7.3
		2	0.1	18	200	50	16.4
		3	0.15	8	80	75	33.8
	2	1	0.1	18	—	—	10.0
		2	0.1	18	500	25	14.6
		3	0.15	8	100	50	33.0

三、灯光监视回路信号灯及其附加电阻的选择

串联于断路器跳、合闸回路的信号灯及其附加电阻，按以下原则选择。

（1）当灯泡短路时，流过跳、合闸线圈的电流应小于其最小动作电流及长期热稳定电流，一般按小于相应线圈额定电流的 10% 选择。

（2）在监视回路正常的情况下，当操作电源电压降低至 95% 额定电压时，施加于灯泡的电压应大于其额定电压的 60%。

第三节　控制电缆芯数和截面的选择

二次回路中的电缆一般选用聚乙烯或聚氯乙烯绝缘、护套控制电缆（KYV、KVV 型），也可选用橡皮绝缘聚氯乙烯护套或聚丁护套铜芯控制电缆（KXV、KXF 型）。当对控制电缆在屏蔽、防火等方面有特殊要求时，要采用具有相应防护措施的铜芯电缆。

一、控制电缆芯数的选择

控制电缆选用多芯电缆，为了节省材料和便于敷设，要力求减少电缆的根数和芯数。当芯线截面为 1.5mm² 时，电缆芯数不宜超过 37 芯；当芯线截面为 2.5mm² 时，电缆芯数不宜超过 24 芯；当芯线截面为 4～6mm² 时，电缆芯数不宜超过 10 芯。弱电电缆芯数不宜超过 50 芯。

控制电缆应留有适当的备用芯数作为更新改造或芯线折断时的备用。电缆芯数和备用芯数应按下列因素，并结合电缆长度、截面及敷设条件和环境等综合考虑：

（1）7 芯以上的较长电缆，其截面小于 4mm² 时，应留有必要的备用芯，但同一安装单位的同一起止点的控制电缆中，可不必在每根电缆中都留有备用芯，而在同类性质的一根电缆中留出备用。

（2）对较长的电缆应尽量减少电缆根数，同时也应避免电缆的多次转接。

（3）一根电缆内不宜有两个安装单元的电缆芯，并尽量避免一根电缆接至屏两侧的端子排上。在一个安装单位内，交、直流回路的电流截面相同时，必要时可共用一根电缆。

（4）强电回路和弱电回路不应共用同一根电缆，以免强电回路对弱电回路产生干扰。

电缆的芯数包括使用芯数和备用芯数，一般使用芯数越多，相应的备用芯数也越多。备用芯数在满足必要要求的情况下应尽量少留，否则多根电缆汇聚时，屏内需对很多非使用芯线端头进行绝缘处理，给施工和安装带来不必要的麻烦。

二、控制电缆截面的选择

控制电缆的最小截面，按机械强度要应不小于 $1.5mm^2$。

1. 电缆回路控制电缆截面选择

电流回路所用控制电缆芯线截面不应小于 $2.5mm^2$，其允许载流为 20A，而电流互感器二次额定电流为 5A，因此不需要按额定电流校验电缆芯线截面，也不需要按短路电流校验其热稳定，只需要按电流互感器准确级所允许的导线阻抗来选择电缆芯线截面。

（1）测量仪表电流回路控制电缆的选择。测量仪表用的电流互感器二次负载阻抗，要求在正常运行时，不应大于该准确级下的二次额定负载阻抗 Z_{2N}，则 Z_{2N} 可表示为

$$Z_{2N} = K_1 Z_{21} + K_2 Z_{22} + R \tag{10-5}$$

式中：Z_{21} 为连接导线阻抗，当忽略其电抗时，$Z_{21} = R_{21}$，Ω；Z_{22} 为测量仪表线圈阻抗，Ω；R 为接触电阻，$R = 0.05 \sim 0.1\Omega$；K_1、K_2 为正常运行状态下的阻抗换算系数，见表 10-3；Z_{2N} 为某一准确级下的电流互感器二次额定负载阻抗，Ω。

表 10-3　　　　　　　　　　　　电流互感器二次负载阻抗计算公式

序号	接线方式	运行状态		阻抗换算系数		二次负载阻抗 Z_2	接线系数 K_{CO}
				K_1	K_2		
1	三相星形	正常及三相短路两相短路		1	1	$Z_2 = Z_{21} + Z_{22} + R$	1
		单相短路		2	1	$Z_2 = 2Z_{21} + Z_{22} + R$	1
2	两相星形	正常及三相短路	$Z_{22 \cdot 0} = 0$	$\sqrt{3}$	1	$Z_2 = \sqrt{3}Z_{21} + Z_{22} + R$	1
			$Z_{22 \cdot 0} \neq 0$	$\sqrt{3}$	$\sqrt{3}$	$Z_2 = \sqrt{3}Z_{21} + \sqrt{3}Z_{22} + R$	1
		L1、L3 两相短路		1	1	$Z_2 = Z_{21} + Z_{22} + R$	1
		L1、L3 或 L2、L3 两相短路	$Z_{22 \cdot 0} = 0$	2	1	$Z_2 = 2Z_{21} + Z_{22} + R$	1
			$Z_{22 \cdot 0} \neq 0$	2	2	$Z_2 = 2Z_{21} + 2Z_{22} + R$	1
3	两相差接	正常及三相短路		$2\sqrt{3}$	$\sqrt{3}$	$Z_2 = 2\sqrt{3}Z_{21} + \sqrt{3}Z_{22} + R$	$\sqrt{3}$
		L1、L3 两相短路		4	2	$Z_2 = 4Z_{21} + 2Z_{22} + R$	2
		L1、L2 或 L2、L3 两相短路		2	2	$Z_2 = 2Z_{21} + 2Z_{22} + R$	1
4	三相角形	正常及三相短路		3	3	$Z_2 = 3Z_{21} + 3Z_{22} + R$	$\sqrt{3}$
		两相短路		3	3	$Z_2 = 3Z_{21} + 3Z_{22}R$	1
		单相及两相接地短路		2	2	$Z_2 = 2Z_{21} + 2Z_{22} + R$	1
5	单相单电流互感器	单相及两相接地短路		2	2	$Z_2 = 2Z_{21} + 2Z_{22} + R$	1
		正常及短路		2	1	$Z_2 = 2Z_{21} + Z_{22} + R$	1

续表

序号	接线方式	运行状态	阻抗换算系数 K_1	阻抗换算系数 K_2	二次负载阻抗 Z_2	接线系数 K_{CO}
6	单相两电流互感器串联	正常及短路	1	$\frac{1}{2}$	$Z_2 = Z_{21} + \frac{1}{2}Z_{22} + R$	$\frac{1}{2}$
7	单相两电流互感器并联	正常及短路	4	2	$Z_2 = 4Z_{21} + 2Z_{22} + R$	2

　　注　$Z_{22.0}$ 为接于中性线上的负载阻抗，Ω。

　　由式（10-5）可得连接导线的电阻为

$$R_{21} = Z_{21} = \frac{Z_{2N} - K_2 Z_{22} - R}{K_1} \tag{10-6}$$

则电缆芯线截面为

$$S = \frac{L}{rR_{21}} = \frac{K_1 L}{r(Z_{2N} - K_2 Z_{22} - R)} \tag{10-7}$$

式中：r 为电导系数，铜取 $57/(\Omega/\text{mm}^2)$；L 为电缆长度，m；S 为电缆芯线截面，mm^2。

　　由式（10-7）得出控制电缆允许最大长度为

$$L = \frac{rS}{K_1}(Z_{2N} - K_2 Z_{22} - R) = K(Z_{2N} - K_2 Z_{22} - R) \tag{10-8}$$

根据不同截面 S 和不同阻抗换算系数 K_1 所计算出的 K 值列于表 10-4 中。

表 10-4　　　　　　　　不同截面和不同换算系数的 K 值

$S(\text{mm}^2)$ ＼ K_1	1	$\sqrt{3}$	$2\sqrt{3}$	2	3
2.5	142.5	82.5	41.2	71.2	45
4	228	132	66	114	72
6	342	197	99	171	108.7
10	57	330	165	285	157

　　（2）继电保护回路控制电缆的选择。保护用电流互感器二次负载阻抗要求在短路故障时不应大于对应准确级下的二次允许负载阻抗 Z_{2en}，则 Z_{2en} 可

$$Z_{2en} = K_1 Z_{21} + K_2 Z_{22} + R$$

式中：Z_{2en} 为电流互感器二次允许阻抗，Ω；Z_{22} 为继电器线圈阻抗，Ω；K_1、K_2 为短路状态下，二次最大负载时的阻抗换算系数，见表 10-3。

　　选择控制电缆芯线截面时，首先要确定一次最大短路电流倍数 m，根据 m 值再由电流互感器 10%误差曲线查出其二次允许负载阻抗 Z_{2en}（在计算 m 时，如缺少实际一次系统最大短路电流值时，可按断路器的遮断容量折算最大短路电流），然后由上式可得连接导线允许电阻为

$$R_{21} = Z_{21} = \frac{Z_{2en} - K_2 Z_{22} - R}{K_1} \tag{10-9}$$

则电缆芯线截面为

$$S = \frac{L}{rR_{21}} = \frac{K_1 L}{r(Z_{2en} - K_2 Z_{22} - R)} \tag{10-10}$$

2. 电压回路控制电缆的选择

电压回路的控制电缆按允许电压降来选择电缆芯线截面。其有功压降的计算式为

$$\Delta U = \sqrt{3} K_{CO} \frac{P}{U} \cdot \frac{L}{rS} \tag{10-11}$$

式中：P 为电压互感器每相有功负载，W；U 为电压互感器二次侧线电压，V；K_{CO} 为电压互感器接线系数，对于三相星形接线 $K_{CO} = 1$，对于两相星形接线 $K_{CO} = \sqrt{3}$，对于单相星形接线 $K_{CO} = 2$；ΔU 为电压回路压降，V。

确定电压回路压降的原则为：

（1）对用户计费用的 0.5 级电能表，其电压回路电压降不宜大于额定电压的 0.25%。

（2）对电力系统内部的 0.5 级电能表，其电压回路电压降不宜大于额定电压的 0.5%。

（3）正常情况下，至测量仪表的电压降不应超过额定电压的 1%～3%；当全部保护装置和仪表都工作（即电压互感器负载最大）时，至保护和自动装置屏的电压降不应超过额定电压的 3%。

（4）电压互感器到自动调整励磁装置的电缆芯线截面也按允许电压降选择，当为最大负载电流时，其电压降不应超过额定电压的 3%。

电压互感器接有距离保护时，其电缆芯线截面除按上述条件选择外，还有根据下列原则进行检验：

1）当以熔断器作为二次短路保护时，其电缆芯线截面应满足在距离保护继电器端子发生两相短路时，流经熔断器的短路电流应大于其额定电流的 2.5 倍。

2）当以自动开关作为二次保护时，应按下式校验电缆芯线截面

$$R_2 = \frac{\Delta U}{I_{OP}} \tag{10-12}$$

式中：R_2 为自动开关至装有距离保护的二次电压回路末端两相短路环路电阻；I_{OP} 为自动开关瞬时动作电流；ΔU 为距离保护正常运行最低电压与其第Ⅲ段动作阻抗对应的电压之差，一般取 19V 左右。

3. 控制与信号回路控制电缆的选择

控制回路与信号回路用的控制电缆，根据其机械强度，铜芯电缆芯线截面不应小于 1.5mm²。但在某些情况下（如一次系统采用空气断路器时），合、跳闸操作回路流过的电流较大，产生的压降也较大，为了使断路器可靠动作，此时需要根据操作回路的允许电压降来校验电缆芯线截面。一般按正常最大负载下，操作回路（从控制母线至各设备）的电压降不超过额定电压的 10% 的条件来校验电缆芯线截面。

电缆允许长度的计算式为

$$L \leqslant \frac{\Delta U_{y \cdot en}\% U_{N \cdot m} S \cdot r}{2 \times 100 \times I_{y \cdot max}} \tag{10-13}$$

式中：$\Delta U_{y \cdot en}\%$ 为操作回路正常工作时允许电压降百分值，取 10%；$U_{N \cdot m}$ 为直流额定电压，取 220V；$I_{y \cdot max}$ 为流过操作回路的最大电流，A。

根据不同直流额定电压，将已知各值代入式（10-13），可得出不同电缆芯线截面在不同

负载下的最大允许电缆长度。

思考与练习题

1. 二次回路中，熔断器和低压断路器（自动空气开关）的配置原则是什么？
2. 控制电缆的选择有哪些项指标？
3. 信号灯回路的附加电阻的作用是什么？

附录一 电气常用新旧图形符号对照表

(一) 符号要素、限定符号和常用的其他符号

新 符 号		旧 符 号	
名 称	图形符号	名 称	图形符号
直流		直流电	
交流		交流电	
具有交流分量的整流电流		脉动电流	
中性线（中性线）	N	中性线	
接地一般符号			
抗干扰接地 无噪声接地		无噪声接地 （抗干扰接地）	
保护接地		屏蔽接地	
接机壳或接底板		接机壳	
理想电流源			
理想电压源			
故障		绝缘击穿一般符号	
闪络、击穿			
导线间绝缘击穿			
导线对机壳绝缘击穿			
导线对地绝缘击穿			

（二）导线和连接器件图形符号

新 符 号		旧 符 号	
名　称	图形符号	名　称	图形符号
连接、连接点	•	电气连接一般符号	• 或 ○
端子	○	二	∅ 或 ○
导线的 T 型连接	┬	导线的单分支	┳
导线的双重连接	形式1 ┼ 形式2 ✛	导线的双分支	┳ 或 ✛
导线的不连接（跨越）	单线表示 ╫ 多线表示 ╫╫	不连接的跨越导线	⌒
导通的连接片	形式1 ○━○ 形式2 ┤ ├	连接片	○━○
断开的连接片	⟋○	换接片	○⟍○
电缆密封终端，表示带有一根三芯电缆	◁	电缆终端头	◁

（三）电能的发生与转换设备图形符号

新 符 号		旧 符 号	
名　称	图形符号	名　称	图形符号
V形（60°）连接的两相绕组	V	两相 V 形连接的两个绕组	二
三角形连接的三相绕组	△	二	二
开口三角形连接的三相绕组	◁	二	二
星形连接的三相绕组	Y	二	二
中性点引出的星形连接的三相绕组	Ψ	有中性点引出线的星形连接三相绕组	二

续表

新　符　号		旧　符　号	
名　称	图形符号	名　称	图形符号
曲折形成互联星形连接的三相绕组		曲折形连接的三相绕组	
换相绕组		电机换相绕组	
补偿绕组		电机补偿绕组	
串励绕组		电机串励绕组	
并励或他励绕组		交流电机定子绕组或直流电机并励绕组	
电机的一般符号　符号内的星号用下列字母之一代替：C—旋转交流机；G—发电机；GS—同步发电机；MG—能作为发电机或电动机使用的电机；M—电动机；MS—同步电动机。注：如需表示电压类别、绕组连接方式时，也可同时示出：⌇ ⹀ Ｙ △ Ｙ 等	*	旋转电机的一般符号在圆圈内允许加注表示电流种类的符号，如～（交流）3～（三相交流）—（直流）在圆圈内允许加注电机用途的文字符号，如 F、D 分别表示发电机、动机	
直流发电机	G		G
直流电动机	M		M
交流发电机	G		F
交流电动机	M		G
手摇发电机	G		
三相永磁同步发电机	GS 3～	永磁三相同步电机	
三相永磁同步发电机	MS 3～		或

续表

新　符　号		旧　符　号	
名　称	图形符号	名　称	图形符号
直流串励电动机		串励直流电动机	
直流并励电动机		并励直流电动机	
直流他励电动机		他励直流电动机	
短分路复励直流发电机 注：示出换相绕组、补偿绕组、接线端子和电刷时		复励式直流发电机 注：示出换相绕组和补偿绕组时	
铁心	——		══
带间隙的铁心	— —	带空气隙的铁心	══
电刷（集电环上或换相器上的）		滑环上的电刷	
		换相器上的电刷	
双绕组变压器	形式1	单线表示	
	形式2	多线表示	

新　符　号		旧　符　号	
名　称	图形符号	名　称	图形符号
三绕组变压器	形式1 形式2	＝	单线表示 多线表示
自耦组变压器	形式1 形式2	＝	单线表示 多线表示
电抗器、扼流圈	形式1 形式2	电抗器	
电流互感器、脉冲变压器	形式1 形式2	单次极绕组电流互感器	单线表示 多线表示
电压互感器	（用变压器的有关符号）	＝	＝
直流/直流变换器			
整流器		＝	
桥式全波整流器		＝	
逆变器			

续表

新 符 号		旧 符 号	
名　称	图形符号	名　称	图形符号
整流器/逆变器			
原电池或蓄电池 原电池或蓄电池组		原电池或蓄电池 注：允许不注极性符号 蓄电池或原电池组	形式1 形式2

（四）无源元件图形符号

新 符 号		旧 符 号	
名　称	图形符号	名　称	图形符号
电阻器的一般符号		电阻的一般符号	
可变电阻器/可调变阻器		变阻器	或
带滑动触点的电位器		电位器的一般符号	
带滑动触点的电阻器		可断开电路的变阻器	
电容器的一般符号			
极性电容器，如电解电容器		有极性的电解电容器	
可调电容器		可变电容器	或
电感器、线圈、绕组、扼流圈		电感线圈、变压器绕组	
带磁心的电感器		有铁心的电感线圈	
磁心有间隙的电感器		铁心有空气间隙的电感线圈	

（五）半导体管和电子管图形符号

新　符　号		旧　符　号	
名　称	图形符号	名　称	图形符号
半导体二极管一般符号		半导体二极管、半导体整流器	
单向击穿二极管、电压调整二极管、齐纳二极管		雪崩二极管	
无指定形式的三极晶体闸流管 注：当没有必要规定控制极的类型时这个符号用于表示反向阻断三极晶体闸流管			
PNP 型半导体管		P-N-P 型半导体管	
集电极接管壳 NPN 型半导体管		N-P-N 型半导体管	
结型场效应半导体管 注：栅极与源极的引线应绘在一直线上	N型沟道 P型沟道		

（六）开关、控制和保护装置图形符号

新　符　号		旧　符　号	
名　称	图形符号	名　称	图形符号
开关一般符号		单极开关	或
三极开关（单线表示）		三极开关单线表示	或
三极开关（多线表示）		三极开关多线表示	或
单极四位开关		单极四位转换开关	
接触器主动合触点		接触器动合触点	

续表

新　符　号		旧　符　号	
名　称	图形符号	名　称	图形符号
接触器主动断触点		接触器动断触点	
具有自动释放功能的接触器			
断路器		高压断路器	或
自动空气开关（低压断路器）		自动空气断路器	
隔离开关		高压隔离开关	
负荷开关		高压负荷开关	
具有自动释放功能的负荷开关			
手动开关一般符号			
按钮开关（动合按钮）		带动合触点的按钮	
按钮开关（动断按钮）		带动断触点的按钮	
拉拔开关			
旋转开关、旋转开关（闭锁）			
位置和限位开关动触点		与工作机械联动的开关动合触点	或

续表

新　符　号		旧　符　号	
名　称	图形符号	名　称	图形符号
位置和限位开关动断触点		与工作机械联动的开关动断触点	
熔断器的一般符号		熔断器	
跌开式熔断器			
熔断器式开关		刀开关-熔断器	
火花间隙		火花间隙	
避雷器		避雷器一般符号	
动合触点		开关的动合触点	
		继电器的动合触点	
动断触点		开关的动断触点	
		继电器的动断触点	
先断后合的旋转触点		开关的切换触点	
		继电器的切换触点	
中间断开的双向触点		单极转换开关	
先合后断的旋转触点	形式1 形式2	不切断转换开关的触点	

新　符　号		旧　符　号	
名　称	图形符号	名　称	图形符号
操作器件被吸合时暂时闭合的过渡动合触点		继电器吸合时短时闭合动合触点	
		接触器吸合时短时闭合动合触点	
操作器件被释放时暂时闭合的过渡动合触点		继电器释放时短时闭合动合触点	
		接触器释放时短时闭合动合触点	
操作器件被吸合或释放时暂时闭合的过渡动合触点		继电器短时闭合动合触点（双向滑动）	
		接触顺短时闭合动合触点（双向滑动）	
比其他触点提前吸合的动合触点			
比其他触点滞后吸合的动合触点			
比其他触点滞后释放的动断触点			
比其他触点提前释放的动断触点			
延时闭合的动合触点		继电器延时闭合的动合触点	
		接触器延时闭合的动合触点	
延时断开的动合触点		继电器延时开起的动合触点	
		接触器延时开起的动合触点	
延时闭合的动断触点		继电器延时闭合的动断触点	
		接触器延时闭合的动断触点	

续表

新　符　号		旧　符　号	
名　称	图形符号	名　称	图形符号
延时断开的动断触点		继电器延时开起的动断触点	
		接触器延时开起的动断触点	
延时闭合和延时断开的动合触点		继电器延时闭合与开起的动合触点	
		接触器延时闭合与开起的动合触点	
有自动返回的动合触点			
无自动返回的动合触点			
有自动返回的动断触点			
接近开关动合触点			
热敏自动开关（双金片）的动断触点			
热继电器动断触点		＝	
操作件一般符号 继电器线圈一般符号具有几个绕组操作件，在符号内画同绕组数的斜线	形式1 形式2	继电器、接触器和磁力起动器线圈	＝
交流接触器驱动元件			
热继电器动断触点		热继电器的发热元件	
快速继电器线圈			

（七）测量仪表、灯和信号器件图形符号

新　符　号		旧　符　号	
名　称	图形符号	名　称	图形符号
测量继电器或有关器 * 处应填写： 　特性量、能量流动方向、整定范围、延时值等		继电器的一般符号	
		自动装置的一般符号	
有最大值和最小值的电流继电器（示出限制 3A 和 5A）	$I \genfrac{}{}{0pt}{}{>5A}{<3A}$		
瓦斯保护器件（气体继电器）		瓦斯继电器	
指示仪表 　* 处应填写下列标志之一：量符号、单位符号等	*	指示式测量仪表的一般符号	
电压表	V	＝	＝
检流计		＝	＝
示波器		＝	
记录仪表 　* 处应填写下列标志之一：量符号、单位符号等	*	记录式测量仪表的一般符号	
记录式功率表	W	记录式瓦特表	＝
记录式功率表	W ｜ var		
记录式功率表		＝	＝
积算仪表 　* 处应填写下列标志之一：量符号、单位符号等	*	积算式测量仪表的一般符号	

续表

新　符　号		旧　符　号	
名　称	图形符号	名　称	图形符号
电能表（瓦时计）	Wh	积算式瓦特计	＝
无功电能表	varh		
灯的一般符号	⊗	照明灯	⊗
		信号灯	⊗
电喇叭		＝	＝
电铃		电铃的一般符号	＝
电警铃、报警器		电警铃	＝
蜂鸣器		＝	＝

（八）电信传输设备图形符号

放大器一般符号（三角形指向传输方向）			
外部可调放大器			
滤波器一般符号			
压缩器			
扩展器			
固定衰减器	A		
削波器			
混合线圈			
调制器、解调器一般符号			

（九）逻辑单元图形符号

新符号（GB 4728.12—1996）		旧符号（GB 312、3432 等）	
名　称	图形符号	名　称	图形符号
逻辑非，示于输入端		—	
逻辑非，示于输出端		—	
逻辑极性、示于输入端		—	
逻辑极性、示于输入端		—	
动态极性		—	
有逻辑非得动态极性		—	
有极性指示的动态输入		—	
"与"门		—	或
"或"门		—	或
"非"门反向器（在用逻辑非符号表示器件的情况下）		"非"门反向器	或
"非"门反向器（在用逻辑非符号表示器件的情况下）		反向器	或
"与非"门		—	或
"或非"门		—	或
"与或非"门		—	

新符号（GB 4728.12—1996）		旧符号（GB 312、3432 等）	
名　称	图形符号	名　称	图形符号
"异或"门	=1	=	⊕ 或
逻辑恒等	=	=	⊙ 或
"与或"反向器	& ≥1	=	+
半加器	Σ C0	=	HA
一位全加器	Σ CI C0	=	FA
给定延迟时间的延迟元件	t_1　t_2	=	t_1　t_2
双向模拟开关	SW	=	=
传输门	TG	=	TG 或
RS 触发器 RS 储存器	S R	=	S Q R Q̄
同步 RS 触发器	1S C1 R1	=	S Q CP R Q̄
边沿（上升沿）D 触发器	S 1D >C1 R	=	D Q >CP Q̄
边沿（下降沿）JK 触发器	1J C1 1K R	=	J Q >CP K Q̄

新符号（GB 4728.12—1996）		旧符号（GB 312、3432 等）	
名　称	图形符号	名　称	图形符号
脉冲触发（主从）JK 触发器		＝	
数据锁定（主从）JK 触发器		＝	
双 D 锁存器			
$\overline{R}\,\overline{S}$ 锁存器			
有斯密特触发特性的"与门"		＝	或
有斯密特触发特性的反向器		＝	

说明：1. 本图形符号为电力科技图书中常用的电气简图用图形符号。不敷使用时，可采用相关标准规定的符号和电力专业通用的符号。

2. 在本图形符号中，"新符号"系摘自 GB/T 4728.1～4728.13—1996～2005《电气简图用图形符号》和 DL 5028—1993《电气工程制图标准》，旧符号系摘自 GB 312～314—1964《电气系统图图形符号》（称旧标准）及约定俗成的符号。

3. "旧符号"栏中，"＝"表示旧符号与新符号相同，空白表示旧标准中无规定。

附录二 常用电气设备（装置）文字符号

中文名称	文字符号	中文名称	文字符号	中文名称	文字符号
计算机终端	A	数字元件插件	D	继电器	KA
电路板	A	磁心存储器	D	交流继电器	KA
控制台（屏）	A	延迟线	D	电流继电器	KA
放大器	A	双稳态元件	D	瞬时（有或无）继电器	KA
自动装置	A	单稳态元件	D		
调节器	A	空气调节器	EV	瞬时接触继电器	KA
自动重合闸装置	AAR	发热器件	EH	制动继电器	KB
电桥	AB	发光器件	E	合闸继电器	KC
中央信号装置	ACS	照明灯	EL	防跳继电器	KCF
电流调节器	ACR	保护器件	F	出口继电器	KCO
灭磁装置、晶体管放大器	AD	避雷器，放电间隙	F	差动继电器	KD
		具有瞬时动作的限流保护器件	F	自动灭磁继电器	KDM
励磁调节器	AE			接地继电器	KE
函数积分器	AF	具有延时动作的限流保护器件	FA	频率继电器	KF
给定积分器	AG			气体继电器	KG
集成电路放大器	AJ	具有延时和瞬时动作的限流保护器件	FS	冲击继电器、阻抗继电器	KI
磁放大器	AM				
磁通调节器	AMR	熔断器	FU	闭锁接触继电器、保持继电器	KL
印刷电路板	AP	限压保护器件	FV		
功率调节器	APR	电源	G	双稳态继电器	KL
（自动）同步装置	AS	发电机	G	中间继电器、脉冲继电器	KM
速度调节器	ASR	异步发电机	GA		
触发器	AT	蓄电池	GB	接触器	KM
远方跳闸装置	ATQ	直流发电机	GD	保护出口中间继电器	KOM
遥测装置	ATM	励磁机	GE		
电压调节器	AUM	同步发电机	GS	压力继电器	KP
电子管放大器	AV	信号器件	H	极化继电器	KP
光电池	B	声响指示器	HA	热继电器	KR
送话器	B	电铃	HA	逆流继电器	KR
拾音器	B	电笛	HA	干簧继电器	KR
扬声器	B	蜂鸣器	HB	重合闸继电器	KRC
耳机	B	绿灯	HG	信号继电器、选择器、起动继电器	KS
扩音器	B	光指示器、信号灯	HL		
移相器	BP	指示灯	HL	时间继电器	KT
电容器（组）	C	光字牌	HL	延时（有或无）继电器	KT
寄存器	D	红灯	HR		
二进制元件	D	白灯	HW	温度继电器	KT
延迟元件	D	黄灯	HY	跳闸继电器	KT
存储器件	D	软件（程序、模块）	J	电压继电器	KV

续表

中文名称	文字符号	中文名称	文字符号	中文名称	文字符号
监察继电器	KVI	隔离开关	QS	调制器	U
功率继电器	KW	电阻器	R	变频器、编码器	U
同步检查继电器	KY	变阻器	R	解调器	U
电感器	L	电位器	RP	电码变换器	U
电感线圈	L	热敏电阻器	RT	模拟/数字、数字/	U
消弧线圈	L	压敏电阻器	RV	模拟 变换器	
电动机	M	控制器	S	半导体器件	V
异步电动机	MD	低压开关	S	稳压管	V
同步电动机	MS	拨号接触器	S	气体放电管	V
稳压器	N	连接极	S	二极管	V
电压稳定器	N	电动操作开关	S	三极管	V
模拟集成电路	N	拨动开关	S	晶体管	V
运算放大器	N	电机式（有或无）传感器	S	晶闸管	V
混合模拟/数字器件	N			电子管	VE
反馈控制器	NC	控制开关	SA	电子阀	V
指示器件	P	选择开关	SA	光耦合器	V
记录器件	P	按钮开关（按钮）	SB	光敏电阻	V
积算测量器件	P	灭磁开关	SD	光纤接收/发送器件	V
信号发生器	P	试验按钮	SE		
绝缘电阻表	P	连锁开关	SG	波导定向耦合器	W
功率因数表	P	行程开关	SP	信息总线	W
相位表	P	转换开关	ST	传输通道	W
电流表	PA	液体标高传感器	SL	波导	W
计数器	PC	压力传感器	SP	导线	W
频率表	PF	位置传感器	SQ	电缆	W
电能表	PJ	转数传感器	SR	母线	W
记录仪器	PS	温度传感器	ST	辅助母线	WA
同步表	PS	静止补偿装置	SVC	电力母线	WB
信号发生器	PS	变压器	T	控制母线	WC
时钟、操作时间表	PT	信号变压器	T	直流母线	WD
无功功率表	PV	电流互感器	TA	闪光母线	WH
电压表	PV	自耦变压器	TA	照明干线	WL
有功功率表	PW	接地变压器	TE	电力电缆	WP
电力电路开关	Q	电力变压器	TM	天线	WR
低压断路器（自动空气开关）	Q	电压互感器	TV	信号母线	WS
		整流器	U	光纤	WX
断路器	QF	逆变器	U	端子	X
刀开关	QK	变流器	U	接线柱	X
负荷开关	QL	无功补偿器	U	电缆封端	X

中文名称	文字符号	中文名称	文字符号	中文名称	文字符号
电缆接头	X	气阀	Y	电磁离合器	YC
电缆箱	X	电磁铁	YA	滤波器	Z
连接片	XB	电动阀	YM	终端设备	Z
测试插孔	XJ	操作线圈	Y	滤波器（正序、负序、零序）	Z
插头	XP	连锁器件	Y		
切换片、插座	XS	闭锁器件	YB	线路阻波器	Z
端子箱（板）	XT	电磁制动器	YB		

附录三 小母线新旧文字符号及其回路编号

序号	小母线名称	文字符号		回路编号	
		新	旧	新	旧
		(一) 直流控制、信号和辅助小母线			
1	控制电源回路小母线	+、-	+KM、-KM	1、2；101、102；201、202；301、302	1、2；101、102；201、202；301、302
2	信号电源回路小母线	+700、-700	+XM、-XM	7001、7002	701、702
3	事故音响信号（不发遥信）小母线	M708	SYM	708	708
4	事故音响信号（用于直流屏）小母线	M708	1SYM	728	728
5	事故音响信号（用于配电装置）小母线	M7271、M7272、M7273	2SYMⅠ、2SYMⅡ、2SYMⅢ	7271、7272、7273	727Ⅰ、727Ⅱ、727Ⅲ
6	事故音响信号（发遥信）小母线	M808	3SYM	808	808
7	瞬时预告音响信号小母线	M709、M710	1YBM、2YBM	709、710	709、710
8	延时预告音响信号小母线	M711、M712	3YBM、4YBM	711、712	711、712
9	预告音响信号（用于配电装置）小母线	M7291、M7292、M7293	YBMⅠ、YBMⅡ、YBMⅢ	7291、7292、7293	729Ⅰ、729Ⅱ、729Ⅲ
10	控制回路断线预告信号小母线	M7131、M7132、M7133、M713	KDMⅠ、KDMⅡ、KDMⅢ、KDM		729Ⅰ、713Ⅱ、713Ⅲ
11	灯光信号小母线	M726	(一) DM	726	726
12	配电装置信号小母线	M701	XPM	701	701
13	闪光装置信号小母线	M100 (+)	(+) SM	100	100
14	合闸电源小母线	+、-	+HM、-HM		
15	预告信号母线及掉牌未复归母线小母线	M703、M716	FM、PM	703、716	703、716
16	指挥装置音响小母线	M715	ZYM	715	715
17	自动调整周波脉冲小母线	M717、M718	1TZM、2TZM	717、718	717、718
18	自动调整电压脉冲小母线	M7171、M7181	1TYM、2TYM	7171、7172	Y717、Y718
19	同期装置越前时间整定小母线	M719、M720	1TQM、2TQM	719、720	719、720
20	同期合闸小母线	M721、M722、M723	1THM、2THM、3THM	721、722、723	721、722、723

序号	小母线名称	文字符号		回路编号	
		新	旧	新	旧
			(一) 直流控制、信号和辅助小母线		
21	隔离开关操作闭锁小母线	M880	GBM	880	880
22	旁路闭锁小母线	M881、M900	1PBM、2PBM	881、900	881、900
23	厂用电源辅助信号小母线	+701、−702	+CFM、−CFM	7011、7012	701、702
24	母线设备辅助信号小母线	+701、−702	+MFM、−MFM	7021、7022	701、702
			(二) 交流电压、同步和电源小母线		
25	同步电压小母线（运行系统）	L'1-620、L'3-620	TQMa'、TQMc'	U620、W620	A620、C620
26	同步电压小母线（待并系统）	L1-610、L3-610	TQMa、TQMb	U610、W610	A610、C610
27	自同步发电机残压小母线	L1-780	TQMj	U780	A780
28	第一组或奇数母线段电压小母线	L1-630、L2-630(600) L3-630、N-600(630) L-630、L3-630(试)	1YMa、1YMb(YMb)、1YMc、YM_N、$1YM_L$、$1S_C YM$	U630、V630(V600)、W630、N600(630)、L630、L630(试)	A630、B630(B600)、C630、N600、L630、S_C630
29	第二组或偶数母线段电压小母线	L1-640、L2-640(600) L3-640、N-600(640) L3-640(试)	2YMa、2YMb(YMb)、2YMc、YM_N、$2YM_L$、$2S_C YM$	U640、V640(V600)、W640、N600(640)、L640、L640(试)	A640、B640(B600)、C640、N600、L640、S_C640
30	6～10kV 备用段电压小母线	L1-690、L2-690、L3-630	9YMa、9YMb、9YMc	U690、V690、W690	A690、B690、C690
31	转角小母线	L1-790、L2-790、L3-790	ZMa、ZMb、ZMc	U790、V790(V600)、W790	A790、B790(B600)、C790
32	低电压保护小母线	M011、M013、M02	1DYM、2DYM、3DYM	011、013、02	011、013、02
33	电源小母线	L1、N	DYMa、DYM_N		
34	旁路母线电压切换小母线	L3-712	YQMc	W712	C712

注 表中交流电压小母线的文字符号和编号，适合于电压互感器二次侧中性点接地；括号中的文字符号和编号，适用于电压互感器二次侧中相接地。

参 考 文 献

［1］ 国家电网公司人力资源部．电气识绘图．北京：中国电力出版社，2010.
［2］ 袁乃志．发电厂和变电站电气二次回路技术．北京：中国电力出版社，2004.
［3］ 戴宪滨，杨志辉．发电厂及变电站的二次回路．北京：中国水利水电出版社，2008.
［4］ 何永华．发电厂及变电站的二次回路．2 版．北京：中国电力出版社，2011.